U0687508

小麦品种
百农207

选育应用及理论技术研究

何鸿举　王玉玲　李新华　欧行奇　著

中国农业出版社
北　京

内容简介

　　黄淮南片麦区的小麦产量占全国小麦产量的42.2%，是我国第一大麦区，也是我国主要的优质强筋小麦适宜生产区。然而，随着生态变化加剧和生产发展需要，涉及小麦育种的三大问题逐渐凸显：一是自然灾害频发影响持续高产；二是满足"两减一增"（减少化肥施用量、减少农药施用量、增加经济效益）需求的品种匮乏；三是高产品种不能匹配优良的加工品质。针对上述难题，河南科技学院小麦遗传改良研究中心团队历时21年，创新多目标性状聚合育种技术体系，于2013年育成抗逆、稳产、高产、优质的国审小麦新品种——百农207，百农207快速发展成为全国第一大品种、河南省近20年特大品种、全国近10年三大主导品种之一。作为新一轮对照品种，百农207引领了小麦育种技术的进步，被科学技术部列为农业科技创新典型。百农207的选育与推广实现了五点创新：一是创新了小麦抗逆育种理念及育种技术体系，育成的百农207表现出"两强六抗三耐"；二是创立了小麦高产优质育种新途径，育成的百农207表现出中筋、优质、高产；三是创建了多目标性状聚合育种技术体系，显著提高了育种成效；四是探索了育繁推、产学研相结合的新模式，促进了科技成果转化；五是探索了小麦籽粒品质快速分析的新方法。

  百农 207 的选育与推广对开发抗逆、稳产的小麦新品种具有理论参考价值。作为作物育种领域的学术论著,《小麦品种百农 207 选育应用及理论技术研究》既适合从事小麦培育的科研人员、企业研发人员阅读,也可作为作物育种及相关专业的高校教师、研究生及本(专)科生的参考书。《小麦品种百农 207 选育应用及理论技术研究》由河南科技学院的何鸿举(撰写 10 万字)、王玉玲(撰写 5 万字)、李新华(撰写 2.5 万字)、欧行奇(撰写 2.5 万字)共同完成。

前言

FOREWORD

　　在农业科学的广阔天地里，小麦作为全球非常重要的粮食作物之一，其品种的改良与选育始终占据着举足轻重的地位。小麦品种的创新不仅关乎粮食产量的提升，更与农业可持续发展、食物安全以及农民增收紧密相连。《小麦品种百农207选育应用及理论技术研究》正是在这样的背景下应运而生的，它汇聚了河南科技学院小麦遗传改良研究中心团队21年的心血与智慧，旨在全面展现小麦新品种百农207的选育历程、应用效果及其背后的理论技术支撑。

　　面对全球气候变化、资源约束加剧以及小麦生产中的诸多挑战，选育高产、优质、抗逆性强的小麦新品种成为农业科研的迫切任务。百农207作为近年来我国小麦育种领域的一项重大成果，不仅继承了传统品种的优良特性，更在产量潜力、品质性状、抗病虫害能力等方面实现了显著突破。百农207的成功选育，不仅为我国小麦产业的转型升级提供了有力支撑，也为全球小麦遗传改良贡献了宝贵经验。

　　《小麦品种百农207选育应用及理论技术研究》详细记录了百农207从亲本选择、杂交配组、后代筛选、品质分析、参加试验到品种审定的全过程，揭示了百农207在选育过程中遇到的挑战与解决方案，特别强调抗逆育种理念及技术体系、高产优质育种新途径、多目标性状聚合方法等在小麦育种中的应用，极大地提高了选育效率与选育精准度。同时，本书也对百农207的生物学特性、配套栽培技术以及产量构成因素进行了深入分析，为理解其高产优质的理论基础提供了科学依据。

　　百农207自推广以来，凭借自身出色的田间表现，迅速成为多个小麦种植区的首选品种。《小麦品种百农207选育应用及理论技术研究》通过大量的田间试验数据、农民反馈以及经济效益分析，全面展示了百农207在增产增收、改善品质、提高抗逆性等方面的显著效果，凸显了百农207在促进农业可持续发展、保障国家粮食安全等方面的重大意义。百农207是"十三五"以来全国年推广面积超过2 000万亩①的唯一品种，2014—2022年累计推广1.17亿亩，实现增收及减损118.4亿元。"抗逆稳产高产优质小麦新品种百农207选育与推广"获植物新品种权1项、专利4项，制定地方标准2项，发表论文35篇，出版专著2部，荣获2019年度河南省科学技术进步一等奖、2019—2021年度全国农牧渔业丰收奖一等奖。

　　《小麦品种百农207选育应用及理论技术研究》不仅是对百农207选育历程与应用效果的全面总结，更是对小麦育种理论与实践的一次深刻探讨。笔者期望通过本书的出版，能够激发更多农业科研工作者对小麦育种研究的热情与投入，推动小麦遗传改良技术的不断创新与突破，为全球小麦产业的持续健康发展贡献力量。同时，笔者也期待百农207能够在更广阔的田野上绽放光彩，为农民增收、农业增效、保障国家粮食安全做出更大的贡献。

欧行奇

2025年2月17日

---

　　① 亩为非法定计量单位，1亩＝0.066 7hm²。——编者注

目 录

CONTENTS

第一章
选育背景及选育目标

一、选育背景

我国是世界上小麦总产量最高、消费量最大的国家[1]。小麦是我国第二大粮食作物，种植面积占我国粮食作物种植总面积的 22% 左右，产量占粮食总产量的 20% 以上[2]。黄淮南片麦区是我国第一大麦区[3]，常年麦播面积在 1.2 亿亩以上，总产量占全国小麦产量的 42.2%，其中河南省小麦播种面积为 8 500 多万亩，占全国冬小麦播种总面积的 1/4，黄淮南片麦区小麦生产对保障国家粮食安全发挥着特别重要的作用。黄淮南片麦区主要包括陕西省的关中灌区，河南省的新乡市、焦作市、郑州市、开封市、三门峡市、洛阳市、商丘市、周口市、许昌市、平顶山市、漯河市、驻马店市、南阳市，江苏省的淮安市、徐州市、宿迁市、连云港市，安徽省的阜阳市、蚌埠市、淮北市、亳州市、淮南市、宿州市等地。这一区域气候适宜、土壤肥沃，是冬小麦的重要种植区域之一。黄淮南片麦区东西横跨多个省份，从关中灌区西部的宝鸡市到东海之滨的连云港市，生态条件以及农民的种植习惯与需求这两方面和加工业的需求存在差异，选择适当的播种时间对这一区域小麦的产量和质量都有重要影响。"民以食为天，食以粮为先"，粮食是社会稳定和谐的重要基础，是国家安全的物质保障，事关改革发展、社会稳定的大局。河南省的农业和粮食在全国具有举足轻重的地位，在保障国家粮食安全方面肩负着重大责任[4]。近年来，河南省委、省政府在中原经济区建设过程中，坚持把粮食生产放在首位，提出以不牺牲粮食生产为代价，把发展壮大粮食生产放在重中之重的位置[5]。

针对我国粮食生产的严峻现实，科学技术部、农业部、财政部、国家粮食局联合 12 个粮食主产省份，立足东北平原、华北平原、长江中下游平原，围绕水稻、小麦、玉米三大粮食作物高产、高效的目标，于 2004 年启动实施了国家粮食丰产科技工程。"十一五"国家粮食丰产科技工程于 2007 年启动实施，工程强化了攻关田、核心区、示范区、辐射区"一田三区"建设，工程涉及 12 个粮食主产省的 251 个县（市），占全国粮食主产区 680 个产粮大县的 36.9%[6]。通过工程的实施，组装集成了 180 套具有区域特色的粮食作物高产超高产栽培技术模式，使核心区化肥利用率提高 10% 以上，农药用量减少 25% 以上，灾害损失率降低 15% 以上，创造了黄淮海地区小麦亩产量超 750 kg、冬小麦/夏玉米一年两熟亩产量超 1 700 kg 的新纪录，为全国粮食大面积高产树立了典范，也为实现粮食增产、保障国家粮食安全提供了强有力的技术支撑。"十二五"时期，继续组织实施了国家粮食丰产科技工程。

为贯彻落实《中共河南省委 河南省人民政府关于加快科技创新促进产业发展的意见》（豫发〔2008〕28 号），加强河南省自主创新体系建设，切实增强自主创新能力，调整经济结构，转变发展方式，保持经济平稳较快发展的良好态势并实现经济社会跨越式发展，2009 年 9 月 11 日，河南省人民政府制定印发了《河南省自主创新体系建设和发展规划（2009—2020 年）》，提出要通过实施重大科技专项，集中解决全省经济社会特别是产业发展中的重大科技问题，突破现代产业体系发展的重大技术瓶颈，大幅度提高产业技术水平和核心竞争力[7]。种植业领域的自主创新，应重点支持农作物良种培育及产业化开发，加速小麦、玉米、水稻等主要粮食作物主导品种的换代升级；促进良种与良法相配套，集成组装一批主要粮食作物高效简化栽培技术体系。《河南省自主创新体系建设和发展规划（2009—2020 年）》明确提出，到 2020 年，主要粮食作物实现更新换代 2~3 次，支撑粮食单位面积产量水平提高 30% 以上。"十一五"期间，河南省通过实施小麦新品种百农 AK58、郑麦 366 的产业化研究与开发等重大科技专项，取得了显著成效，为国家粮食核心区建设做出了突出贡献[8]。

科技兴农，良种先行；小麦要丰收，品种是关键。在世界范围内，小麦总产量的提高主要依靠单位面积产量的提高；在提高小麦单位面积产量的诸多要素中，品种的贡献率普遍在 40% 以上，在一些发达国家这一比例甚至已超过 50%；随着一批又一批更优小麦新品种的培育和推广，品种在小麦单位面积产量及总产量中的贡献亦越来越大。因此，世界各国无不重视小麦新品种的培育和推广工作。良种的含义包含两方面：其一，指优良品种；其二，指优良种子。同一小麦品种因种子质量不同，产量表现明显不同。国内外均以纯度、净度、发芽率等主要指标的高低来衡量小麦种子质量的优劣。国内外大量研究表明，良种是决定小麦产量和品质的内因和关键，但没有配套的高产优质栽培技术，也不可能高产和优质，更不能充分发挥良种增产的潜力，往往导致良种难以得到大面积推广[9]。只有运用科学的栽培技术，如适期播种、合理密植、配方施肥、科学管理等，使小麦在适宜的环境条件下生长，良种的遗传特性才能得到充分表达，达到高产、优质、高效的目的。因此，只有良种、良法一起推，才能保证小麦高产、稳产。小麦生长发育离不开光、热、水、肥等多种环境资源，且要求各种资源搭配协调，没有各种资源的相互配合，任何单一资源都难以发挥应有的作用。另外，不同地区小麦生态栽培条件差别较大，没有适合各地小麦栽培的固定模式技术，栽培措施的制定也要因时、因地、因种而异，需要针对不同情况制定不同的栽培技术和栽培措施，并在此基础上构建科学系统的栽培技术体系。在小麦优良品种推广及产业化开发中，都特别重视品种配套高产优质栽培技术体系研究。

我国依据种子质量指标高低，把小麦种子划分为育种家种子、原种和良种三个级别[10]。原种多作为繁材用种，良种则作为大田用种。实践表明，小麦原种一般比小麦良种增产5%左右。近年来，河南省依托小麦育种重大科技专项、国家粮食丰产科技工程，使河南省小麦良种培育走在全国前列，豫麦18、豫麦49、郑麦9023、百农AK58、济麦22、周麦22、西农979、郑麦7698等一批优良品种的大面积推广，为实现小麦连年增产丰收发挥了关键作用。2025年是"十四五"规划收官之年。2020—2025年，河南省小麦新品种已经实现一次更新换代，已进入下一轮更新换代的关键时期。因此，遴选河南省重大专项小麦品种，对"十四五"河南省小麦生产将产生重大影响，同时对到2025年实现"取得一大批在全国乃至国际具有重大影响的科技成果；总体自主创新能力进入全国先进行列，完成建设创新河南任务"也将具有重大影响。

二、选育目标

随着我国社会经济发展，以及自然生态条件和农业生产条件的变化，对小麦品种的抗病、抗逆、稳产、丰产、优质等性状提出了更高要求。针对黄淮南片冬麦区低温、干旱、干热风、连续阴雨、病虫害等不利因素频发、重发、叠发，需要"抗灾减灾、稳产保收"的品种应对灾害，人民生活水平提高需要"安全放心、营养美味"的品种保障市场供给，大量农村劳动力转移和土地规模利用需要"简化栽培、节本增效"的品种适应种植管理新变化，生态环境保护需要"减药减肥、绿色环保"的品种支撑可持续发展，同时着眼当前小麦品种选育及应用中普遍存在的"创新性不足、同质化严重"等主要问题[11]，河南科技学院小麦遗传改良研究中心团队提出了抗逆、广适、高产、优质的选育目标。

针对该目标，"抗逆广适高产优质小麦新品种百农 207 选育及应用"项目获得 2015 年度河南省重大科技专项（项目编号 151100110700）的大力支持，持续开展黄淮南片半冬性高产优质小麦新品种的选育。

第二章

选育理念及选育策略

一、选育理念

河南科技学院小麦遗传改良研究中心团队从 2001 年开始，运用"源流库"理论组配优良杂交组合，选配周麦 16/百农 64 杂交组合（图 2.1），采用集成和

图 2.1　周麦 16（左）和百农 64（右）

创新的抗逆育种方法，选留双亲优良性状并剔除不良性状。周麦 16 表现为矮秆、大穗、丰产性突出，是黄淮麦区的骨干亲本，一般配合力高，易出高产品种，其衍生品种占 70%以上[12]，但具有籽粒不饱满、容易穗发芽、不耐倒春寒等缺点，遗传传递力较强。百农 64 综合抗性强、品质优，但分蘖迟、成穗少、易断穗、千粒重低[13]，虽曾广泛用作亲本，但其衍生品种不多。

河南科技学院小麦遗传改良研究中心团队创新提出小麦育种的理念、技术、途径，引领我国小麦育种行业高质量发展。

第一，创新了小麦抗逆育种理念及育种技术体系，育成的百农 207 表现出"两强六抗三耐"。提出了高光合与强根系共同支撑的抗逆育种理念，分别创立"理想株型＋叶绿体结构＋光合速率""苗期初生根数量＋成株期次生根活力"的高光合与强根系评价方法。创新的抗逆育种技术体系主要包括：发现 6 类抗倒春寒密切关联性状，创立"关联性状整体优化"抗倒春寒选择方法，并在《麦类作物学报》上发表了该选择方法的世界首篇论文[14]；创立"地上地下同步加压"抗干热风选择方法，采取高温、干旱和淹水处理，通过萎蔫、黄化、青干等表型鉴定，简便高效；创立"颖壳扣合严＋吸胀速度慢"抗穗发芽选择方法，结合分子标记辅助选择。百农 207 表现出根系活力强、光合能力强、抗倒春寒、抗干热风、抗穗发芽、抗倒伏、抗病、抗除草剂、耐旱、耐渍、耐盐[15-16]。

第二，创立了小麦高产优质育种新途径，育成的百农 207 表现出中筋、优质、高产。制订"早分蘖、分大蘖、多成穗、成大穗"选择标准和"两端小穗退化少、中部小穗结实好"选择标准，创建"保穗、增粒、稳重"高产途径；通过主攻穗粒数实现高产与稳产相结合，突破了传统高产育种依靠提高千粒重不易稳产的难题；创立"非 1BL/1RS 易位系＋HMW-GS 优质亚基"优质途径。百农 207 在国家生产试验中较对照品种增产 100%，平均增产 7.0%，大田一般亩产量在 650.0 kg 左右，最高亩产量为 862.5 kg；湿面筋含量为 34.1%、延伸性为 186 mm，被农业农村部评为优质面条品种，其中鲜面条品质为 84.58 分，在国内众多名优品种中位居第一。

第三，创建了多目标性状聚合育种技术体系，显著提高了育种成效。河南科技学院小麦遗传改良研究中心团队发明的小麦条播器改写了弯腰播种的历史，播种速度成倍提高，实现标准化播种，为早代株系精准测产提供技术支撑，已在国内育种单位得到广泛应用。通过实施规模化育种，实现多目标性状快速聚合，提高了育种成效，降低了育种成本，促进了商业化育种发展。

第四，探索了育繁推、产学研相结合的新模式，促进了科技成果转化。通过"三权分享"合作育种模式，实现校企合作共赢，促进科技成果转化。河南科技学院小麦遗传改良研究中心团队制定了《小麦三级种子生产技术规程》(DB41T 642—2010)，首创免去杂种子生产技术，实现大田用种原种化，充分发挥良种增产潜力。依据百农 207 的品种特性，创新抗逆品种展示方法，顺境、逆境同展示，顺境展示高产性，逆境展示稳产性，引导农民看禾选种，加速优良品种大面积推广。百农 207 是"十三五"以来全国年推广面积超过 2 000 万亩的唯一品种，2014—2022 年已推广 1.17 亿亩，实现增收及减损 118.4 亿元。

第五，探索了小麦籽粒品质快速分析的新方法。近红外光谱技术作为一种新兴的分析手段，在小麦籽粒品质检测中展现出了巨大的潜力。通过近红外光谱仪对小麦籽粒进行扫描，可以获得其光谱信息，进而利用化学计量学方法建立模型，实现对小麦籽粒品质指标的快速分析。这种方法相较于传统的小麦籽粒品质检测方法，具有显著的优势。传统方法耗时长，需要对样品进行预处理，消耗化学试剂，而且对实验环境及人员素质要求高，而近红外光谱技术则可以实现快速、无损、环保的检测，大大提高了检测效率和准确性。在本研究中，通过获取并分析小麦籽粒的近红外光谱信息，构建了快速预测小麦籽粒的含水率和灰分含量的预测模型，为进一步开发便携式近红外装备提供了理论基础和数据支撑。

二、选育策略

"抗逆广适高产优质小麦新品种百农 207 选育及应用"项目涉及育种目标性状较多，双亲不良性状难以克服，采用一般规模杂种群体不易实现多种目标性状的聚合，为此构建超大分离群体，并对杂种后代综合运用自然逆境、接种诱发、分期密植、水肥促控、水旱交替等手段加压鉴定选择，使抗逆、产量、品质等性状充分表达和有效结合，以抗逆育种理论为指导思想，综合采用抗逆性状选择方法、高产性状选择方法和优质性状选择方法，最终实现多目标性状聚合。具体从制订目标到育种实践的过程如下：

（一）制订育种目标

根据黄淮南片麦区的生态特点、生产条件、发展趋势和现有品种优缺点，制订"抗逆广适、高产稳产、中筋优质、绿色增效"的育种目标。主要目标性状如下：

1. 抗逆

耐倒春寒、抗倒伏、抗干热风、抗穗发芽、耐旱、耐渍等。

2. 病虫害轻

对条锈病、叶锈病、白粉病、纹枯病、赤霉病、茎基腐病、黄花叶病毒病、蚜虫等病虫害的综合抗性好，无一高感。

3. 广适

对土壤、水肥、播期、播量等要求不严。

4. 高产

产量三要素基本符合"四四四"结构（有效穗数 40 万穗/亩、穗粒数 40 粒、千粒重 40 g），一般亩产量在 650 kg 左右。

5. 稳产

在严重自然灾害条件下，减产幅度小，亩产量一般稳定在 500 kg 左右。

6. 优质

优质中筋，适合加工馒头和面条，满足大众消费需求。

（二）组配优良杂交组合

根据上述育种目标，采用（半冬性、高产、广适）×（半冬性、多抗、优质）杂交模式。在广泛筛选和深入研究亲本的基础上，以周麦 16 为母本、百农 64 为父本，组配单交组合。

百农 207 的双亲来源及主要特点如下：

1. 周麦 16

由周口市农业科学研究所郑天存研究员主持选育而成，具有矮秆、大穗、大粒、高产等突出优点，是河南省第九次小麦更新换代的主导品种，但表现出不耐倒春寒、容易穗发芽、品质差等明显缺点，优良性状和不良性状的遗传传递力均较强，配合力强，是当前河南省及黄淮南片麦区的骨干亲本。

2. 百农 64

由河南科技学院茹振钢教授主持选育而成，具有多抗、优质等突出优点，是河南省第八次小麦更新换代的主导品种，但同时又有分蘖迟、成穗少、易断穗、千粒重低等缺点。

（三）杂种后代选择策略

杂种后代选择的指导思想是，实现双亲整体性状的"优势聚合、缺陷剔除"和部分重点性状的"超越、重塑"（表 2.1）。

表 2.1　百农 207 性状组合方式设计

杂种后代选择的指导思想	亲本遗传性状
优势聚合	丰产（周麦 16）、优质（百农 64）、抗干热风（百农 64）
缺陷剔除	穗发芽（周麦 16）、断穗（百农 64）、分蘖迟（百农 64）
超越双亲	耐倒春寒、适应性好、单位面积产量高
重塑构相	"四四四"产量结构、丰产稳产长相

具体选择思路如下：

1. 分蘖成穗

早分蘖、大蘖多、小蘖少、两极分化明显、成穗率高；多成穗、成大穗。

2. 耐倒春寒

半冬性，生长发育稳健，抽穗期稳定、适当偏晚，花粉量大，结实性好。

3. 根系活力

不早衰、成熟落黄好、灌浆充分。

4. 籽粒品质

饱满度好、黑胚率低、角质率高。

（四）规模化育种方法

为了彻底打破双亲优良性状基因与不良性状基因之间的紧密连锁关系，河南科技学院小麦遗传改良研究中心团队在百农 207 选育过程中采用了规模化育种方法，以提高小概率事件的成功率，即针对杂种各世代均采取大群体种植的措施，并特别注重耐倒春寒、抗干热风、抗穗发芽等抗逆性状的选择。

在长期小麦育种工作实践中，育种团队初步总结出一套规模化育种的基本方法，其基本方法如下：

1. 大群体种植

如优良单交组合，一般做 50 个杂交穗，F_2 种植 5 万～10 万个单株，F_3 种植 1 000～2 000 个株系。

2. 加大选择压力，拔高选择标准

通过接种主要病害、干湿轮替、播期早晚、播量稀密、加强多性状协调选择，严格淘汰不良后代，如 F_2 单株中选率控制在 1% 左右。

3. 早代简化，高代细化

在观察鉴定过程中，对早代一般材料不进行过细的记载，对高代重点材料要尽可能详细记载。

4. 不良性状果断淘汰，优良性状注重重演

采用多对照、多重复、多处理的试验技术，对重要农艺性状表现特性分类处理，不良表现出现一次便果断彻底淘汰，优良表现注重反复选择鉴定。

2001 年组配杂交组合，经连续 7 代定向培育于 2008 年选育定型，定名为百农 207。2008—2009 年度，百农 207 参加河南省冬水组预备试验；2009—2010 年度，百农 207 参加国家黄淮南片冬水组预备试验；2010—2011 年度，百农 207 参加国家黄淮南片冬水组区域试验；2011—2012 年度，百农 207 继续参加国家黄淮南片冬水组区域试验；2012—2013 年度，百农 207 参加国家黄淮南片冬水组生产试验；2013 年，百农 207 通过第三届国家农作物品种审定委员会审定。百农 207 的选育过程如表 2.2 所示。

表 2.2　百农 207 的选育过程

年度	代际	选育过程
2000—2001	周麦 16×百农 64	
2001—2002	F_1	幼苗直立，抗寒，中秆抗倒伏，抗病，大穗丰产，饱满度一般
2002—2003	F_2	种植 6 万粒，田间选择抗病好、抗倒伏、落黄好、大穗、籽粒饱满的单株
2003—2004	F_3	种植 1 152 个株系，其中 2002001 - 9 株系表现突出，从中选择 384 个单株
2004—2005	F_4	2002001 - 9 - 2、2002001 - 9 - 3、2002001 - 9 - 7 表现比较整齐，抗病丰产

（续）

年度	代际	选育过程
2005—2006	F_5	参加品系鉴定试验，其中 2002001-9-7 较对照品种温麦 6 号增产 7.94%
2006—2007	F_6	参加品种比较试验，其中 2002001-9-7 较对照品种周麦 18 增产 3.48%
2007—2008	百农 207	继续参加品种比较试验，其中 2002001-9-7 较对照品种周麦 18 增产 3.08%，正式定名为百农 207
2008—2009	百农 207	参加河南省冬水组预备试验
2009—2010	百农 207	参加国家黄淮南片冬水组预备试验
2010—2011	百农 207	参加国家黄淮南片冬水组区域试验
2011—2012	百农 207	继续参加国家黄淮南片冬水组区域试验
2012—2013	百农 207	参加国家黄淮南片冬水组生产试验
2013—2014	百农 207	通过第三届国家农作物品种审定委员会审定

第三章

大田生产表现特点

通过实施育种，河南科技学院小麦遗传改良研究中心团队于 2008 年成功育成百农 207，而百农 207 于 2013 年通过国家审定（图 3.1），并于 2015 年获得植物新品种权证书（图 3.2）。

图 3.1　百农 207 的国家农作物品种审定证书

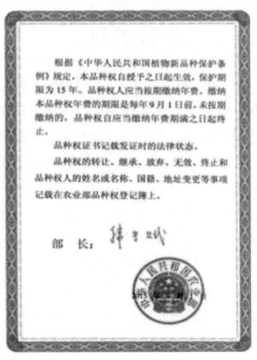

图 3.2　百农 207 的植物新品种权证书

百农 207 属于半冬性中晚熟品种，全生育期为 231 天。其幼苗半匍匐，长势壮，叶呈深绿色；分蘖力较强，分蘖成穗率中等；冬季抗寒性中等；早春起身拔节早，抽穗迟，耐倒春寒能力中等；中后期耐高温能力较好，成熟落黄好，活秆成熟；株高 76.1 cm，株型松紧适中，茎秆粗壮，抗倒伏能力强；旗叶宽长、上冲；穗层较整齐，穗呈纺锤形，白壳，短芒，白粒，籽粒半角质，饱满度一般。百农 207 一般有效穗数为 645 万穗/hm²、穗粒数为38 粒、千粒重 43 g 左右。百农 207 在 2010—2011 年度参加国家黄淮南片冬水组区域试验，平均产量为 8 761.5 kg/hm²，比对照品种周麦 18 增产3.85%；在 2011—2012 年度续试，平均产量为 7 654.5 kg/hm²，比周麦 18 增产 5.28%；在 2012—2013 年度参加国家黄淮南片冬水组生产试验，平均产量为 7 542.0 kg/hm²，比周麦 18 增产 7.00%。百农 207 的一般产量为 8 250～9 000 kg/hm²，最高可达 11 250 kg/hm²。百农 207 在河南、安徽、江苏、陕西等多年、多点的区域试验、生产示范、大田推广中，表现出抗逆、广适、高产、稳产、优质、中筋、绿色、增效、可大面积推广应用、经济效益大的突出特点。

一、抗逆、广适

2016 年、2017 年、2018 年，百农 207 分别经受住了严重穗发芽、干热风、倒春寒等灾害的考验，表现出很强的抗逆能力，充分发挥了主导品种的抗灾减灾作用，为稳定河南省及黄淮南片麦区的小麦产量奠定了坚实基础（图 3.3）。2010—2011 年度，百农 207 参加国家黄淮南片冬水组区域试验，田间自然发病，中抗白粉病，中感叶枯病、叶锈病，中抗—中感条锈病，高感赤霉病、纹枯病；接种抗病性鉴定，中感叶锈病、纹枯病，高感条锈病、白粉病、赤霉病。2011—2012 年度，百农 207 继续参加国家黄淮南片冬水组区域试验，田间自然发病，中抗白粉病，中感叶枯病，感叶锈病、条锈病、纹枯病，中度偏重感赤霉病；接种抗病性鉴定，中感白粉病，高感条锈病、叶锈病、赤霉病、纹枯病。百农 207 的大田综合抗病性好，赤霉病、白粉病、黄花叶病毒病等病害发生较轻，成株期中抗茎基腐病，适应性强，对土壤类型、水肥条件、播期播量要求不严，既适应一般地块种植，亦适应稻茬地和旱肥地种植，是当前苏北、皖北和陕西省关中地区的主栽品种，在河南省的种植区域覆盖全省。

2016年，抗穗发芽　　　　2017年，抗干热风　　　　2018年，抗倒春寒

图 3.3　百农 207 表现出抗逆、广适

二、高产、稳产

在国家区域试验中，百农 207 的亩产量平均较对照品种周麦 18 增

加 26.7 kg。在多年、多地的大田生产中，一般丰年亩产量在 650 kg 左右，灾年亩产量在 450 kg 左右，增产显著。自国家审定推广以来，多年、多地表现出的优良性状稳定，得到各地广大农民和种子企业的广泛认可，成为业内公认的"放心品种"。

三、优质、中筋

品质混合样测定，百农 207 的蛋白质（干基）含量为 14.52%、容重为 810 g/L、硬度指数为 64、沉降值为 36.1 mL、吸水率为 58.1%、面粉湿面筋含量为 34.1%、面团稳定时间为 5 min、延伸性为 186 mm、最大拉伸阻力为 311EU、拉伸面积为 81 cm^2，属于优质面条小麦新品种。2011—2012 年度，国家黄淮南片区域试验抽混合样化验，百农 207 的品质测定结果显示，除稳定时间为 5 min 未达到强筋标准外，容重、蛋白质含量、湿面筋含量、沉降值、最大拉伸阻力、拉伸面积、延伸性、吸水率等均达到强筋标准，品质综合评分为 88.83 分，在参试品种中排名第一。百农 207 的综合品质达到优质中筋标准，适合加工优质面条和馒头，可满足大众消费需求。

四、绿色、增效

在河南省农业科学院主持、河南科技学院参与的科学技术部国家重点研发计划项目"黄淮海冬小麦化肥农药减施技术集成研究与示范（2017YFD0201700）"中，以小麦新品种百农 207 为供试材料，进行了多处理、多重复、大面积的减药减肥试验，百农 207 实现了"农药减施 30%、化肥减施 17%、产量增幅 3%～5% 的效果"。平均每亩节水、节肥、节药等节本增效达 51.5 元。

五、可大面积推广应用

百农 207 的突出表现获得了政府部门、种子企业和广大农民的高度认可，得到了快速、大面积推广，是当前河南省及黄淮南片麦区的第一大小麦品种。百农 207 的推广面积逐年持续上升，引领了河南省第十一次小麦品种更新换代，促进了小麦生产再上新台阶，已成为新一轮河南省小麦区域试验的对照品种。

百农 207 通过国家审定后，在短短 5 年时间内，由搭配品种上升为主导品种，再成为河南省及黄淮南片麦区的第一大小麦品种，面积仍呈扩大趋势，发展推广前景良好（表 3.1）。

表 3.1　2014—2019 年河南省百农 207 示范推广情况

年份	品种地位	统计收获面积	品种发展趋势
2014	搭配品种	未统计	示范推广首选
2015	搭配品种	50 万亩以上	面积增幅明显
2016	主导品种	500 万亩以上	扩大种植面积
2017	第一大品种	1 400 万亩以上	扩大种植面积
2018	第一大品种	1 800 万亩以上	扩大种植面积
2019	第一大品种	2 000 万亩以上	扩大种植面积

注：2019 年统计收获面积依据 2018 年秋播统计面积。

六、经济效益高

百农 207 的推广种植产生了巨大的经济效益，具体如下：

（一）增产效益

1. 计算依据

《中国农业科学院农业科研成果经济评价条例》中经济效益的计算方法：农业新品种增产量＝推广面积×区域试验和生产试验平均增产量×缩值系数；农业新品种增产效益＝农业新品种增产量×商品麦单价。

河南省种子管理站全省统计数据显示，2014—2018 年，百农 207 累计推广种植面积为 5 909.4 万亩。2010—2011 年度，国家区域试验，百农 207 比对照品种增产 3.85%，其平均亩产量为 584.1 kg，对照品种的平均亩产量为 562.4 kg，百农 207 每亩较对照品种增产 21.7 kg。2011—2012 年度，国家区域试验，百农 207 比对照品种增产 5.28%，其平均亩产量为 510.3 kg，对照品种的平均亩产量为 484.7 kg，百农 207 每亩较对照品种增产 25.6 kg。

2012—2013 年度，国家生产试验，百农 207 比对照品种增产 7.00%，其平均亩产量为 502.8 kg，对照品种的平均亩产量 469.9 kg，百农 207 每亩较对照品种增产 32.9 kg。区域试验和生产试验平均增产量为 26.7 kg/亩。

百农 207 的商品麦质量好，一般较普通商品麦每千克多卖 0.04～0.06 元，常年商品麦单价按 2.40 元/kg 计算。

2. 增产效益

增产量＝5 909.4 万亩×26.7 kg/亩×0.8＝12.62 亿 kg；

增产效益＝12.62 亿 kg×2.40 元/kg＝30.29 亿元。

（二）种子效益

1. 计算依据

参照增产效益的计算方法进行，种子效益＝种子田繁育面积×单位面积产量×（种子单价－商品麦单价）×缩值系数。

河南省种子管理站全省统计数据显示，2013—2018 年秋播，百农 207 的种子田繁育面积分别为 4.5 万亩、20.5 万亩、35.8 万亩、45 万亩、45 万亩、48 万亩，种子田累计繁育面积 198.8 万亩。

种子繁育田水肥条件好，平均单位面积产量按 500 kg/亩计算；种子市场零售价平均按 5.0 元/kg 计算；商品麦单价仍按 2.40 元/kg 计算；缩值系数仍按 0.8 计算。

2. 种子效益

种子效益＝198.8 万亩×500 kg/亩×（5.0－2.4）元/kg×0.8＝20.68 亿元。

（三）节本效益

1. 计算依据

在河南省农业科学院主持、河南科技学院参与的科学技术部国家重点研发计划项目"黄淮海冬小麦化肥农药减施技术集成研究与示范（2017YFD0201700）"中，百农 207 实现了"农药减施 30%、化肥减施 17%、产量增幅 3%～5% 的效果"。另外，百农 207 耐旱性较强，每亩可以少浇 1 遍水。

每亩化肥成本为 150 元，减施 17%，则每亩节约化肥成本 25.5 元；每亩农药成本 20 元，减施 30%，则每亩节约农药成本 6.0 元；每亩少浇 1 遍水，

则每亩节约浇水成本 20.0 元。每亩累计节约成本 51.5 元。

2. 节本效益

节本效益＝推广面积×平均节本值

　　　　＝5 909.4 万亩×51.5 元/亩＝30.43 亿元。

（四）整体经济效益

1. 计算依据

百农 207 的整体经济效益主要包括三部分：百农 207 的增产效益、百农 207 的种子效益、百农 207 的节本效益。

2. 整体经济效益

百农 207 的增产效益为 30.29 亿元、百农 207 的种子效益为 20.68 亿元、百农 207 的节本效益为 30.43 亿元。因此，百农 207 的整体经济效益为 81.40 亿元。

另外，2014 年、2015 年、2016 年、2017 年、2018 年，河南科技学院入账百农 207 的品种权使用费分别为 147.5 万元、130.5 万元、178.5 万元、224.0 万元、252.0 万元，品种权使用费累计已达 932.5 万元。

第四章

主要科技创新点

小麦是我国主要口粮作物之一，黄淮南部是我国第一大麦区，产量占全国的 42.2%。随着生态变化和生产发展，逐渐凸显三大问题：一是倒春寒、干热风、烂场雨、病害等频发影响持续高产；二是满足"两减一增"（减少化肥施用量、减少农药施用量、增加经济效益）需求的品种匮乏；三是高产品种加工品质不佳，难以满足大众高质量生活需求。针对上述难题，"抗逆广适高产优质小麦新品种百农 207 选育及应用"项目提出小麦抗逆育种新理念，创新抗逆性状聚合育种技术体系，创制优异种质，育成抗逆、稳产、高产、优质的新品种百农 207。百农 207 快速发展为全国第一大小麦品种，作为新一轮河南省小麦区域试验的对照品种，引领小麦育种技术进步，被科学技术部列为农业科技创新典型。

一、创新点一

创新点一为提出了小麦抗逆育种理念及小麦抗逆育种技术体系，创立了光合和根系评价方法，育成的百农 207 表现出"两强六抗三耐"，解决了黄淮南片麦区因自然灾害频发影响持续大面积丰收的难题。

（一）提出了小麦抗逆育种理念

通过小麦"三系"中同型不育系和保持系抗锈性比较与同一品种灌浆期摘除籽粒抗病性变化结果，发现小麦植株向籽粒养分转移少，植株自身养分积累多，抗锈性明显增强，高感甚至转变为高抗，证明物质和能量是抗逆性的基础，营养体健壮有利于增强抗逆性。基于此,以"根深叶茂"为指导思想,河南科技学院小麦遗传改良研究中心团队提出了强光合和强根系的抗逆育种理念。

(二)创立了光合和根系评价方法

1. "株型+叶绿体结构+光合速率"的光合评价方法

理想株型是强光合的基础,主要设计内容包含分蘖适度、成穗率高、株高适中、株型紧凑、叶片挺直、叶色深绿等。分蘖适度、成穗率高可减少无效养分消耗;株高适中能减小倒伏风险;株型紧凑、叶片挺直有利于通风透光,防止中下部叶片荫蔽,提升群体光合能力,减小光合产物呼吸消耗。叶绿体是光合作用的场所,良好的叶绿体结构是提高光能利用率的基础。高叶绿素含量、叶绿体紧贴细胞膜、类囊体结构排列紧密及捕光蛋白高积累可促进光能吸收与捕获(图 4.1)。光合速率是单位时间、单位面积吸收 CO_2 的量,高光合速率意味着高同化产物的合成,是高产的基础。

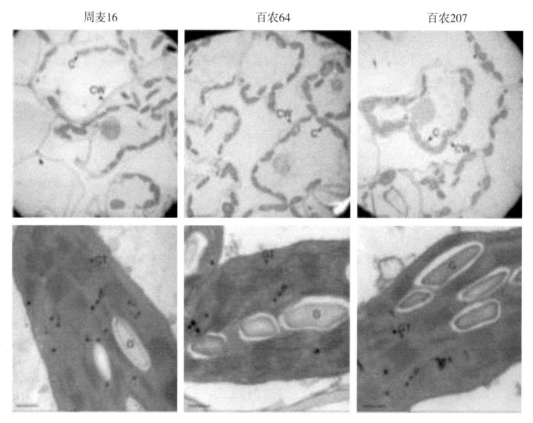

周麦16　　　　　　　百农64　　　　　　　百农207

图 4.1　不同小麦品种的叶绿体显微结构

田间以理想株型为前提，低代株系以叶色＋叶绿素含量进行初步筛选，高代株系通过叶绿素荧光仪、光合作用仪测定光合性能来进行二次筛选，室内对株型理想、光合速率高的株系用透射电镜进行叶绿体超微结构比较分析，最终选留株型理想、叶绿体结构良好以及光合速率高的优系。

2. "苗期初生根分枝数量＋成株期次生根活力"的根系评价方法

根系是植株吸收水分和养分的器官，根系发育良好是高产的基础。小麦的根分为初生根和次生根。小麦为须根系作物，小麦的根系在土壤中分布深、数量庞大，研究难度大。研究发现，种子在淹水状态下，被迫进行无氧呼吸，产生酒精等有害物质，对植株生长具有抑制作用。不同品种的种子在淹水状态下，出苗率差异较大，此为检验根系强弱简单有效的手段。

初生根分枝数量对幼苗健壮度有重要影响，次生根活力对小麦成株期温度胁迫、水分胁迫、籽粒灌浆产生重要影响。通过水培法观察初生根分枝数量（图 4.2），采用 TTC 法测定次生根活力。把苗期初生根分枝数量多、成株期次生根活力好作为强根系的评价标准。

图 4.2　不同品种小麦的初生根对比

（三）提出了小麦抗逆育种技术体系

1. "关联性状整体优化"抗倒春寒选择方法

突破传统"气候论"认知，发现 7 类密切关联性状（表 4.1），逐代分期选择典型半冬性、越冬期抗寒性强、光照阶段生长发育对"断崖式"温度变化反应不敏感、幼穗分化进程适度、抽穗期稳定、柱头活力和花粉活性强、结实率高的后代。

表 4.1 "关联性状整体优化"抗倒春寒选择方法实施过程

关联性状	选择时期	选择目标	选择方法	选择世代	选择效果
幼苗习性	越冬期	半冬性	与典型半冬性品种比较	早代	春播抽穗率为 0
越冬期抗寒性	越冬期	叶片冻害 2 级	最低气温出现后鉴定冻害级别	早代	耐－18 ℃低温
温度反应特性	返青期—孕穗期	适度较慢	高温天气持续后鉴定生长快慢	中代	孕穗期 28 ℃以上高温持续 5 天，稳健生长
抽穗期	抽穗期	适度较晚	抽穗率在 50% 左右	中代	较周麦 18 晚 1 天左右
穗分化进程	伸长期—四分体时期	适度较慢	镜检穗分化时期	高代	较周麦 16、百农 64 等品种慢
柱头活力和花粉活性	开花期	强	父本饱和授粉、母本延迟授粉、结实率分别代表柱头活力和花粉活性	高代	柱头活力和花粉活性较偃展 4110 分别提高 21.77% 和 24.14%
低温胁迫结实率	籽粒形成期	高	雌雄蕊原基分化—四分体时期，0 ℃处理 3 天	高代	低温胁迫结实率在 88% 以上

2018 年 4 月 6—7 日，豫北多地气温骤降至 0 ℃以下，草面温度低至－7 ℃，小麦普遍严重遭受倒春寒危害，对照品种的平均冻穗率高达 81.3%，百农 207 的平均冻穗率低至 4.8%（图 4.3）。

图 4.3　百农 207（左）和其他品种耐倒春寒的对比

百农 207 携带春化基因 $VRN1-5B$、$VRN1-5D$ 以及光周期敏感基因 $Ppd-D1$，在低温胁迫下抗氧化酶（SOD 和 POD）活性提升幅度大，迅速启动酶保护机制提高耐倒春寒能力。

2. "地上地下同步加压"抗干热风选择方法

对低世代杂种后代在灌浆期分年份酌情采取干旱（土壤含量<60%）、水淹（6 天）和高温低湿（温度≥40 ℃、湿度<30%）等方式加压处理，通过萎蔫、黄化、青干等表观性状鉴定抗干热风能力。在温控棚模拟干热风环境分期播种，对高世代杂种后代进行鉴定，选择抗干热风能力强的后代。

2015 年和 2016 年，农业部在豫东开展主导小麦品种抗干热风评价试验，百农 207 表现出的抗干热风能力强（图 4.4），2015 年和 2016 年的亩产量分别为 603.3 kg 和 610.3 kg，分别较当地主栽品种周麦 27 增产 135.9 kg 和 87.5 kg，两年均居参试品种第一位。

3. "颖壳扣合严＋吸胀速度慢"抗穗发芽选择方法

对早中代杂种选择内外颖壳扣合紧、籽粒不裸露的后代，阻止雨水与籽粒直接接触；如收获期遇雨，室内考种选择种皮不皱缩、色泽光亮、萌动率小于 3% 的种子升代。对高代株系增加种子吸胀试验和分子标记辅助鉴定，选择 12h 内种子吸水率低于 40%、携带抗穗发芽基因 $PM19-A1$、$TaVp1B3$ 的后代（图 4.5），选留抗穗发芽能力强的后代。

图 4.4　百农 207 抗干热风表现

2016 年，黄淮南片麦区严重遭受烂场雨危害，多数小麦品种穗发芽十分严重，丧失了种用价值，供种安全面临严峻考验。百农 207 表现出抗穗发芽能力强，其种子不完善率仅为 6.4％，对灾年保障种子安全和粮食安全发挥了重要作用。

百农 207 表现出"两强六抗三耐"。"两强"：根系活力强、光合能力强；"六抗"：抗倒春寒、抗干热风、抗穗发芽、抗倒伏（平均株高 76.1 cm，茎秆粗，抗倒伏性较好，两年区域试验中倒伏程度≥4 级，倒伏面积≥40％的试点率为 0）、抗病（中抗条锈病、白粉病水平抗性、赤霉病单花滴注接种鉴定为中感、成株期中抗茎基腐病）、抗除草剂（二甲四氯等）；"三耐"：耐旱（旱肥

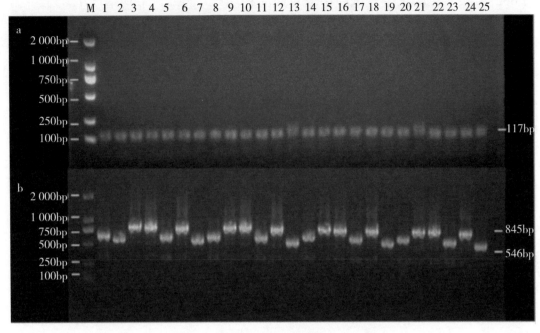

图 4.5　百农 207 携带抗穗发芽基因

地主导品种）、耐渍、耐盐。百农 207 表现出高光合和强根系，为抗逆稳产、节本增效提供了保障。

二、创新点二

创新点二为创新了小麦高产优质育种新途径，育成的百农 207 表现出中筋、优质、高产，解决了黄淮南片麦区高产品种不优质、优质品种不高产的难题。

（一）"保穗、增粒、稳重"高产优质育种新途径

对杂种后代选择"早分蘖、分大蘖、多成穗、成大穗""两端小穗退化少、中部小穗结实好"和"抗倒春寒"的后代，保证适宜的成穗数，协调有效穗数与穗粒数的矛盾，奠定穗多、穗大的基础；依靠抗倒伏、抗病、抗干热风、抗穗发芽、耐旱、耐湿等优质性状，实现千粒重稳定。

创建"四四四"高产结构模式，通过主攻穗粒数实现高产，突破了依靠增加千粒重的传统高产育种途径，降低了小麦籽粒灌浆对环境的要求，提升了产量的稳定性。百农 207 大田一般亩产量在 650.0 kg 左右，最高亩产量

为 862.5 kg，在国家生产试验中较对照品种增产 100％，平均增产 7.0％。

（二）"非 1BL/1RS 易位系＋HMW - GS 优质亚基"优质途径

在抗逆、产量性状选择过程中，同步选择品质性状。早代选择籽粒饱满度≤3 级、黑胚率＜5％的单株；中高代检测高分子量麦谷蛋白亚基 HMW - GS、1BL/1RS 易位系等主要品质相关性状。

百农 207 为非 1BL/1RS 易位系，具有 5＋10 优质亚基，角质率≌100％、黑胚率＜2％。2011—2012 年度国家黄淮南片冬水组区域试验品质测定结果：容重为 810 g/L、蛋白质（干基）含量为 14.52％、湿面筋含量为 34.1％、吸水率为 58.1％、面团稳定时间为 5 min、最大拉伸阻力为 311EU、拉伸面积为 81 cm^2，品质综合评分为 88.83 分，位列两年全部参试品种的第一位。百农 207 在 2019 年被农业农村部评为优质面条品种。中国农业科学院农产品加工研究所和农业农村部农产品加工综合性重点实验室研究表明，在鲜面条质量感官评价方面，百农 207 的评分为 84.58 分，位列参试品种的第一位。

三、创新点三

创新点三为创建了多目标性状聚合育种方法，显著提高了育种成效。

通过实施规模化育种，促成小概率事件发生，实现了多目标性状快速聚合。河南科技学院小麦遗传改良研究中心团队发明的小麦开沟机和小麦条播器改写了弯腰播种的历史，提高了育种成效，降低了育种成本，促进了商业化育种。使得播种质量更加标准化，为早代株系精准测产提供了技术支撑，正在国内育种单位普及应用（图 4.6、图 4.7）。

图 4.6 小麦开沟机

图 4.7　小麦条播器

四、创新点四

创新点四为创新了产学研、育繁推相结合的新模式，加速了新品种的示范推广。

（一）育种模式

创新"三权分享"校企合作育种模式。河南科技学院拥有品种权，河南百农种业有限公司、河南华冠种业有限公司和新乡市农乐种业有限责任公司获得区域开发权，其中河南华冠种业有限公司年销售种子 1.335 亿 kg，累计缴纳品种权使用费 1 502.5 万元，百农 207 育种团队获得省（部）级一等奖共2 项。

（二）推广模式

结合百农 207 品种的抗逆、稳产、高产、优质特性，创新了"顺境逆境共展示、繁育观摩两结合"推广模式。选择水肥条件差异较大的地区（地块）同步进行品种展示，在逆境中展示品种比较优势，在顺境中展示品种高产潜力，引导农民看禾选种、看籽购种。

（三）制定标准并创立新技术

制定河南省地方标准《小麦三级种子生产技术规程》（DB41/T 642—2010）并创立免去杂种子生产技术，实现大田用种原种化。河南科技学院在规模化高标准种子繁育基地召开观摩会，品种权单位河南科技学院组织主推企业、各地种子经销商和广大农民现场考察品种和种子田，百农 207 的原种纯度在 99.9％以上，能够满足种子市场需求，实现大田用种原种化，充分发挥优良品种增产潜力，促进快速大面积推广。

此外，根据百农 207 综合抗性强、植株健壮，表现出省水、省肥、省药、省工的品种自身优势，结合播期播量、水肥调控试验结果和多地种植实践经验，配套简化栽培技术（亩播量 10～15 kg，氮、磷、钾减施 20％～30％，灌溉、喷药分别减少 1～2 次），引导农民简化栽培，一般每亩增产 50 kg 左右，亩投入减少 50 元以上，实现了节本增效。

"抗逆广适高产优质小麦新品种百农 207 选育及应用"项目与国内外同类研究的主要参数比较见表 4.2。

表 4.2 "抗逆广适高产优质小麦新品种百农 207 选育及应用"
项目与国内外同类研究的主要参数比较

序号	比较内容	"抗逆广适高产优质小麦新品种百农 207 选育及应用"项目	国内外同类研究
1	抗逆性	百农 207 表现出"两强六抗三耐"：根系活力强、光合能力强；抗倒春寒、抗干热风、抗穗发芽、抗倒伏、抗病、抗除草剂；耐旱、耐渍、耐盐	周麦 16 高感穗发芽、不抗倒春寒
2	适应性	种植区域覆盖黄淮南片麦区、雨养区和沿黄稻区	百农 64 不适合雨养区种植，周麦 16 不适合沿黄稻区种植
3	高产途径	百农 207 依靠高穗粒数实现高产	大多数品种依靠高千粒重实现高产
4	稳产途径	百农 207 兼抗非生物胁迫和生物胁迫实现稳产	大多数品种主要依靠抗生物胁迫实现稳产
5	单位面积产量	百农 207 一般亩产量在 650 kg 左右	百农 AK58 一般亩产量在 600 kg 左右
6	品质	百农 207 鲜面条质量感官评分：84.58 分	小偃 6 号鲜面条质量感官评分：75.75 分，郑麦 366 鲜面条质量感官评分：77.42 分

第五章

第三方评价

一、中国农学会组织的成果评价

2019年4月12日，中国农学会在北京组织专家对百农207成果进行评价（图5.1），与会专家一致认为：针对当前黄淮麦区气候多变，倒春寒、干热风、穗发芽等灾害频发的突出问题，通过技术集成与创新，育成的抗逆、广

图 5.1 百农 207 成果评价会

适、稳产性突出的国审小麦新品种百农 207，成果总体达到国际先进水平，百农 207 已经成为黄淮南片麦区第一大小麦品种，为推动我国小麦生产持续发展与小麦品种的更新换代做出了重要贡献。

2019 年 5 月 27 日，河南省重大科技专项"小麦新品种百农 207 产业化研究与开发"专家组验收意见：采用"主持单位牵头、部门支持、企业主导"等产学研结合的成果转化模式，实现了百农 207 大面积增产增收，创造了显著的社会效益和经济效益。

二、成果所获奖励

"抗逆稳产小麦新品种百农 207 选育及应用"项目获 2019 年度河南省科学技术进步奖一等奖（图 5.2）。

图 5.2　2019 年度河南省科学技术进步奖一等奖证书

"抗逆稳产高产优质小麦新品种百农 207 选育与推广"项目获 2019—2021
年度全国农牧渔业丰收奖一等奖（图 5.3）。

全国农牧渔业丰收奖

证　书

为表彰2019—2021年度全国农牧渔业
丰收奖获得者，特颁发此证书。

奖 项 类 别：农业技术推广成果奖

项 目 名 称：抗逆稳产高产优质小麦新品种
　　　　　　百农207选育与推广

奖 励 等 级：一等奖

获奖者单位：河南科技学院生命科技学院
（第1完成单位）

二〇二二年十二月

编号：FCG-2022-1-198-01D

图 5.3　2019—2021 年度全国农牧渔业丰收奖一等奖证书

三、科技查新

对"抗逆广适高产优质小麦新品种百农 207 选育及应用"项目成果进行国内外科技查新，与国内外相关技术进行比较，结论如下（图 5.4）：

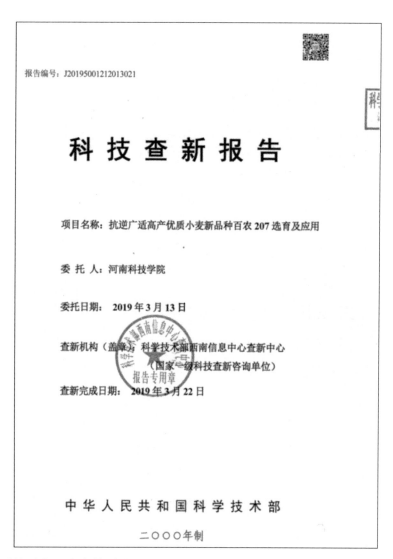

图 5.4 "抗逆广适高产优质小麦新品种百农 207 选育及应用"项目的科技查新报告

第一，发现耐倒春寒能力与品种的冬春性、抽穗期、光温反应特性等 6 类性状存在密切关联，拟定了小麦耐倒春寒育种方法，国内外未见文献报道。第二，提出"兼具强根系活力和高光合能力"的抗逆育种理念，建立并应用基于根系活力和叶片光合能力的选择方法，育成抗逆、广适、高产、优质的小麦新品种，国内外未见文献报道。第三，把"多穗与大穗、高产与倒伏、高产与优质、高产与广适"等矛盾性状结合起来，国内外未见文献报道。

四、政府评价

1. 科学技术部

2022年2月25日上午，国务院新闻办公室就科技创新有关进展情况举行新闻发布会，时任科学技术部部长王志刚在回答关于农业科技创新的提问时，专门举例了河南省培育的小麦品种——百农207。他说："小麦也有一个品种叫百农207，品质好、产量高，现在达到了亩产1 300斤[①]……"

2. 农业农村部

全国农业技术推广服务中心统计数据显示，2017—2019年，百农207 3年蝉联全国推广面积第一位；百农207是2015年以来年种植面积超过2 000万亩的唯一品种。2019年，百农207被农业农村部评为优质面条小麦品种。2021年，《"十三五"时期农业现代化发展情况报告》指出，百农207是"十三五"小麦代表性重大品种。第五届国家农作物品种审定委员会办公室主任、全国农业技术推广服务中心副主任刘信表示，品种对农业生产贡献很大，农作物品种更新换代，对提高粮食产量发挥了举足轻重的关键作用。他还提及近十年全国三大小麦品种——济麦22、百农AK58、百农207。

2023年，《国家农作物优良品种推广目录（2023年）》中，百农207入选骨干型小麦品种。

3. 河南省人民政府

继郑麦9023和百农AK58之后，百农207是近二十年来河南省培育推广的又一特大新品种。

五、区域试验评价

百农207属于半冬性多穗型晚熟品种，成熟期比对照品种周麦18晚熟

---

① 斤为非法定计量单位，1斤＝0.5 kg。——编者注

0.6 天。幼苗半匍匐，长势旺，叶宽大，叶色浓绿，越冬抗寒性中等。分蘖力较强，成穗率中等，亩成穗数适中。春季发育较快，起身拔节早，两极分化快，抽穗迟，耐倒春寒能力中等。株高适中，平均株高 76.1 cm，茎秆粗，抗倒伏性较好，两年区域试验中倒伏程度≥4 级、倒伏面积≥40％的试点率为 0。株型松紧适中，旗叶宽长、上冲，株行间透光性好，穗层较整齐，穗大穗匀。中后期耐旱能力中等，耐热性较好，熟相好。产量三要素较协调，丰产性较好。

六、专家评价

1. 郭天财（农业农村部小麦专家指导组副组长）

百农 207 "好种、好管、好看、好吃"。好种，是对播期、播量、水肥要求不严，群体自我调节能力强；好管，是没有大毛病、不惹人担心、管理不费劲，省工、省药、节水、节肥；好看，就是长势健壮、生机勃勃、抗病抗逆、人见人爱、有看相、有卖相、吸眼球、招回头；好吃，就是做成的馒头、面条等食品，有滋味。

2. 张保军（陕西省高产创建小麦首席专家）

百农 207 表现出极强的光合性能优势，绿色面积大，持续时间长，能够很好地进行光合作用，利于小麦的生长以及养分的供给和积累，不但抗病虫能力极强，而且群体结构十分合理，在陕西省多地区、多点大面积试验示范种植中取得亩产超过 1 400 斤的突破性高产纪录，实属罕见。

3. 刘世林（原陕西省种子管理站站长）

我和种子打了一辈子交道，当我亲眼看到百农 207 这个品种在陕西省的渭南、咸阳、兴平等地多点大面积获得亩产量 700 kg 以上的高产量时，真的大大出乎意料，这在我的种子生涯中从未见过，即使在黄淮麦区恐怕也很少见。加快百农 207 的推广，将对农民增产、增收及国家粮食安全具有重要意义。

4. 殷贵鸿（原周口市农业科学院副院长）

2012—2013 年度，在国家黄淮南片麦区周口点生产试验中，百农 207 表现出耐倒春寒能力较强，根系活力较强，叶功能较强，耐干热风能力较强。

5. 王治安（驻马店市农业首席专家）

2011—2012 年度、2012—2013 年度在驻马店市试验示范种植中，百农

207 综合表现较好，茎秆粗壮、株高适中、穗大穗匀、抗倒伏能力强，综合优势明显，尤其是 2012 年赤霉病发生轻，2013 年抗晚霜冻害，是一个前景较好的小麦新品种。

6. 朱伟（商丘市农林科学院小麦育种专家）

2012—2013 年度，商丘市遭受了严重的倒春寒危害，百农 207 春季生长稳健，是受倒春寒危害最轻的品种之一。

七、企业评价

1. 河南省吨源种业有限公司

七年推广百农 207，其生产中的出众表现从未出现明显波动，更没有出现农民因品种问题找上门的情况。

2. 利辛县金丰农资销售有限公司

一年卖百农 207 的种子 200 多万斤，农民一进门就直接点名要买百农 207，不问别的，直接买走。

3. 邓州市农业生产资料公司华东农资商行

2018 年秋播，邓州市各乡（镇）积极扩大种植，在 2019 年小麦起身拔节期调查时发现，在小麦土传花叶病流行年份，百农 207 这一小麦品种的麦田无一块感病。

4. 河南秋乐种业科技股份有限公司

河南科技学院小麦遗传改良研究中心具有较强的科技创新能力，尤其在抗逆、广适、稳产、育种方面具有一定的优势。为培育更优的小麦品种，促进科技成果转化，双方于 2019 年 3 月签订了小麦育种战略合作协议。

八、农民评价

1. 陕西省咸阳市泾阳县桥底镇褚牛村村民

真是想不到呀，今年（2014 年）小麦普遍受去年冬季干旱、今春灌浆期低温影响，亩产量能有 500 kg 已经不错了，百农 207 的亩产量却超过了 1 400 斤，当时测产时，以为测产有误呢，当场又请来好多农民一起测，结果还是那么多，大家都意想不到！今年（2014 年）产量快赶上去年和前年两年的产量了。

2. 陕西省渭南市蒲城县孙镇吴家村村民

百农 207 这个品种最大的优势是抗逆性很好，品种适应性极强，在今年（2014 年）不利气候影响下，这个品种表现十分突出。

3. 河南省新乡县翟坡镇杨任旺村村民

我们这个地方种植的全部是百农 207，麦田里基本上没有病害，施点肥，喷施除草剂除除草，不旱不浇水，亩产量不下 1 000 斤，高产地块亩产量超过 1 300 斤。

九、媒体评价

1. 《河南日报》（2017 年 5 月 17 日）

百农 207 是自然灾害面前的稳产"铁金刚"，农户、企业眼中的致富"金种子"。在去年的赤霉病、穗发芽面前，百农 207 基本不受影响，产量稳、品质优，种子企业以最高每斤 1.6 元的高价收购，真正让农民得到了实惠。

2. 《中国科学报》（2017 年 6 月 14 日）

提起百农 207 的故事，参加百农 207 产业化研究与推广研讨会的河南各市（县）种子管理站的站长们似乎有说不完的话。新乡市种子管理站站长李璐说："长相清秀、抗逆广适、穗大籽饱、品高价优。"郑州市种子管理站站长陈庆的总结简单直接："无须争议的好品种。"周口市种子管理站站长王思略的话带着浓厚的乡土味："老百姓说，扒来扒去还是这个品种好。"

第六章

生物学研究

一、百农 207 染色体构成

通过荧光原位杂交（FISH）结果可以看出，百农 207 的 1B 短臂以及 6B 染色体上的基因主要来自百农 64，属于非 1BL/1RS 易位系（图 6.1、图 6.2、图 6.3）。

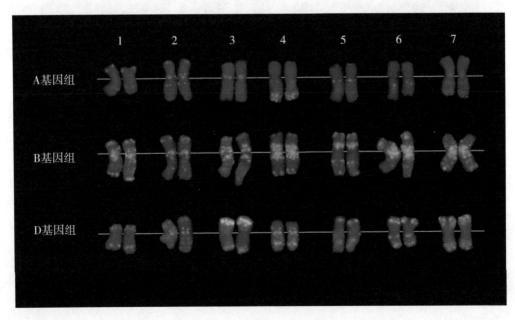

图 6.1　百农 207 荧光原位杂交（FISH）基因组图

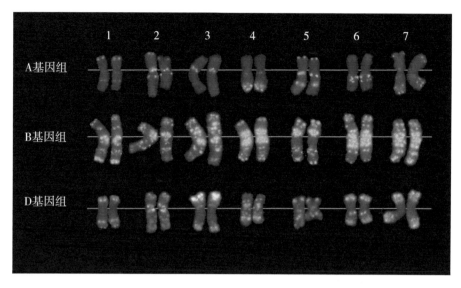

图 6.2　百农 64 荧光原位杂交（FISH）基因组图

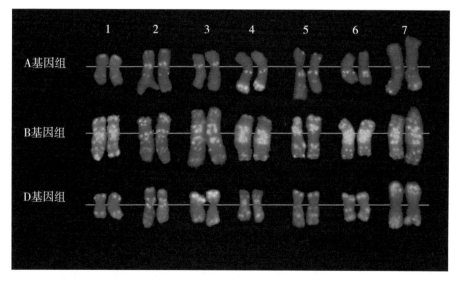

图 6.3　周麦 16 荧光原位杂交（FISH）基因组图

二、百农 207 基因与 QTL 位点构成

利用基因芯片检测到百农 207 共有 4 039 个 QTL 位点，其中来自百农 64 的 QTL 位点有 2 188 个，来自周麦 16 的 QTL 位点有 1 637 个（图 6.4）。

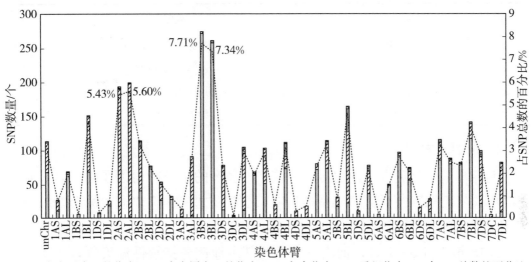

图 6.4　百农 207 基因与 QTL 位点构成

　　百农 207 的染色体除 2A、3A、3D、4D、5B、6D 和 7D 上的基因主要来自周麦 16 外,其余染色体上的基因都主要来自百农 64。其中在 3B 上,百农 64 对百农 207 贡献最大（562 个,13.91%）,而在 2A 上,周麦 16 的贡献最大（404 个,10.00%）。在百农 207 的 6B 上,基因主要来自百农 64,说明 6B 染色体倒位严重抑制了 6B 染色体重组。

　　通过以上分析可知,百农 207 的遗传基础主要来源于百农 64,突破了周麦系列后代品种同质化比较严重的难题。

三、百农 207 主要优良性状及其生物学机制研究

（一）抗逆

　　百农 207 抗逆性强,主要表现为耐温度胁迫,包括抗冬季冻害、耐倒春寒、抗干热风;耐水分胁迫,包括抗穗发芽、耐旱和耐渍;耐其他环境胁迫,包括耐盐、耐重金属、耐植物化感等。

　　对多种自然灾害具有良好的抗/耐性,也是造就百农 207 多年、多地表现出广适、稳产的重要原因（表 6.1）。

表 6.1　2015—2018 年百农 207 经受住的主要自然灾害

年份	自然灾害	程度
2015	冬季冻害	温度＜－17 ℃
2016	穗发芽	连续 3 天大雨
2017	干热风	温度＞35 ℃，相对湿度＜25%，风力＞3 m/s
2018	倒春寒	温度＜－7 ℃

1. 耐倒春寒

倒春寒是当前黄淮南片麦区小麦高产、稳产的主要障碍因子之一，造成小麦出现"哑巴穗""白穗""半截穗""空壳穗""疙瘩穗""虚尖穗""缺位穗""再生穗"等，严重影响了小麦的高产和稳产。

2018 年 4 月 5—7 日，河南省中、北部多地遭遇持续低温天气，小麦倒春寒危害异常严重。欧行奇等研究人员以 7 个强筋小麦品种为材料，以中筋小麦品种百农 207 为对照，对不同品种的冻穗率和冻穗相对结实率进行了统计分析[17]。结果表明：

第一，不同小麦品种的冻穗率存在极显著的差异，百农 207、西农 511 的平均冻穗率分别为 4.8% 和 9.9%；丰德存麦 5 号、郑麦 366 的平均冻穗率分别达到 77.0% 和 81.3%（表 6.2）。

表 6.2　不同地点、不同品种冻穗率差异显著性比较

单位：%

小麦品种	东留固村	后安村	小营村	平均值
郑麦 366	80.0aA	86.0aA	78.0aA	81.3aA
丰德存麦 5 号	65.0bB	90.0aA	76.0aA	77.0aA
西农 20	61.3bB	65.0bB	75.0aA	67.1aA
郑麦 369	12.5dD	59.7cB	12.7cC	28.3bB
中麦 578	22.0cC	31.0dC	7.0dCD	20.0bcB
锦绣 21	5.5eE	20.0eD	22.8bB	16.1bcB
西农 511	7.0eE	10.0fE	12.7cC	9.9bcB
百农 207	**6.5eE**	**2.5gF**	**5.5dD**	**4.8cB**

注：同列数据后不同小写字母表示品种间差异显著（$P<0.05$），同列数据后不同大写字母表示品种间差异极显著（$P<0.01$）。

第二，西农 20 的冻穗相对结实率最高，为 17.82%；百农 207 的冻穗相对结实率最低，为 0.19%。两品种间的差异达显著水平，其他任何两品种间均未达到显著差异。

第三，冻穗率和冻穗相对结实率间呈现较为复杂的关系，根据冻穗率和冻穗相对结实率组合形式的差异，把所选品种归为 4 种类型：①冻穗率高、冻穗相对结实率较低的品种有郑麦 366、丰德存麦 5 号；②冻穗率较高、冻穗相对结实率高的品种有西农 20；③冻穗率中等、冻穗相对结实率较高的品种有郑麦 369、中麦 578、锦绣 21；④冻穗率低、冻穗相对结实率低的品种有百农 207、西农 511。

第四，受冻后，各品种三点平均相对产量最高为 95.18%，最低为 22.69%，品种间差异达极显著水平，从高到低排序依次为百农 207、西农 511、锦绣 21、中麦 578、郑麦 369、西农 20、丰德存麦 5 号和郑麦 366（表 6.3）。

表 6.3　不同地点、不同品种受冻后相对产量差异显著性比较

单位：%

小麦品种	东留固村	后安村	小营村	平均值
百农 207	**93.52aA**	**97.50aA**	**94.51aA**	**95.18aA**
西农 511	93.00abA	90.80abAB	87.00bcAB	90.27aA
锦绣 21	94.51aA	84.27bB	81.86cB	86.88aA
中麦 578	80.95bA	73.69cC	93.00abA	82.55aA
郑麦 369	88.95abA	45.87dD	88.33abcAB	74.38aA
西农 20	47.47cB	38.67dD	48.80dC	44.98bB
丰德存麦 5 号	48.65cB	11.94eE	25.71eD	28.77bcB
郑麦 366	30.07dC	14.67eE	23.32eD	22.69cB

注：同列数据后不同小写字母表示品种间差异显著（$P<0.05$），同列数据后不同大写字母表示品种间差异极显著（$P<0.01$）。

第五，在倒春寒严重危害之下，冻穗率是衡量品种耐倒春寒能力强弱的最重要指标。

受冻后不同品种的模拟减产量见表 6.4。

表 6.4　受冻后不同品种的模拟减产量

单位：kg/hm²

小麦品种	正常产量							位次
	6 000.00	6 750.00	7 500.00	8 250.00	9 000.00	9 750.00	10 500.00	
郑麦 366	4 638.75	5 218.65	5 798.55	6 378.30	6 958.20	7 538.10	8 117.85	1
丰德存麦 5 号	4 273.95	4 808.25	5 342.55	5 876.70	6 411.00	6 945.30	7 479.45	2
西农 20	3 301.05	3 713.70	4 126.35	4 539.00	4 951.50	5 364.15	5 776.80	3
郑麦 369	1 537.05	1 729.20	1 921.20	2 113.35	2 305.50	2 497.65	2 689.80	4
中麦 578	1 047.15	1 177.95	1 308.90	1 439.85	1 570.65	1 701.60	1 832.55	5
锦绣 21	787.35	885.75	984.15	1 082.55	1 180.95	1 279.35	1 377.75	6
西农 511	583.95	657.00	730.05	802.95	876.00	949.05	1 021.95	7
百农 207	**289.35**	**325.65**	**361.80**	**397.95**	**434.10**	**470.25**	**506.55**	**8**

注：表中的"正常产量"指不受冻情况下正常可达到的产量。

在耐倒春寒生理生化机制研究方面，陈巧艳等以小麦品种百农 207、百农 AK58、郑麦 366 为材料，在小麦雌雄蕊原基分化期对其进行低温（0 ℃）处理，分析不同小麦品种的耐寒性生理指标[18]。研究结果表明：与对照相比，低温胁迫下小麦叶片的超氧化物歧化酶（SOD）活性、过氧化物酶（POD）活性、叶绿素含量、脯氨酸含量均升高，其中百农 207、百农 AK58 上升幅度比较大，表明受到低温胁迫后，小麦的抗氧化酶活性增强，对小麦起到了保护作用。在低温胁迫下，百农 207、百农 AK58 的结实率较高，郑麦 366 的结实率较低（表 6.5）。在小麦雌雄蕊原基分化期，郑麦 366 的耐倒春寒能力较弱，而百农 207、百农 AK58 的耐倒春寒能力相当，都比较强。

表 6.5　不同小麦品种结实率的比较

单位：%

小麦品种	对照结实率	低温胁迫结实率
百农 207	**98.2a**	**87.6a**
百农 AK58	99.3a	88.5a
郑麦 366	97.8a	9.7b

注：同列数据后不同小写字母表示品种间差异显著（$P < 0.05$）。

谢凤仙等同样对百农 207、百农 AK58、郑麦 366 这 3 个小麦品种进行低温（0 ℃，3 天）处理，在小麦四分体时期，测定小麦叶片的抗氧化酶活性，并调查小麦的结实率（表 6.6)[19]。

表 6.6　不同小麦品种结实率的比较

单位：%

小麦品种	对照结实率	低温胁迫结实率
百农 207	**98. 3a**	**86. 6a**
百农 AK58	99.5a	88.3a
郑麦 366	97.3a	10.5b

注：同列数据后不同小写字母表示品种间差异显著（$P<0.05$）。

结果表明，3 个小麦品种遭到低温胁迫后的抗氧化酶活性增强，对小麦起到了保护作用，其中百农 207、百农 AK58 的抗氧化酶活性相较对照增长较大，而郑麦 366 的抗氧化酶活性相较对照增长幅度较小。同时，在低温胁迫下，郑麦 366 的结实率较低，而百农 207、百农 AK58 的结实率较高，表明在四分体时期，百农 207、百农 AK58 的耐倒春寒能力较强，而郑麦 366 的耐倒春寒能力较弱。

通过比较上述陈巧艳等研究人员的试验和谢凤仙等研究人员的试验可知，分别在小麦雌雄蕊原基分化期和四分体时期进行低温处理，3 个品种表现出的规律是一致的。

欧行奇等通过不同品种间杂交，在去雄后第 1 天、第 3 天、第 5 天、第 7 天、第 9 天进行饱和授粉，研究了百农 207 等 5 个品种的柱头活力和花粉活性[20]。结果表明在 5 个供试品种中，百农 207 的柱头活力居第二位，但与其他 4 个品种的差异不显著；百农 207 的花粉活性居第一位，与周麦 18 的差异不显著，与西农 979、良星 99、偃展 4110 的差异达极显著水平（表 6.7）。

表 6.7　不同品种间相互杂交的平均结实率

单位：%

小麦品种	做母本	做父本
周麦 18	72.13A	70.33A
百农 207	**61. 53AB**	**72. 00A**
西农 979	54.00B	50.40B
良星 99	51.60B	46.27B
偃展 4110	50.53B	50.80B

注：①在去雄后第 1 天、第 3 天、第 5 天、第 7 天、第 9 天进行饱和授粉，5 次结实率的平均值为平均结实率；做母本、做父本时的平均结实率分别代表柱头活力和花粉活性。
②同列数据后不同大写字母表示品种间差异极显著（$P<0.01$）。

在欧行奇等研究人员研究的基础上，任秀娟等仍以上述 5 个黄淮麦区主导小麦品种为试验材料，在去雄后第 1 天、第 3 天、第 5 天、第 7 天、第 9 天分别观察柱头发育形态，分析柱头发育形态和母本平均杂交结实率之间的关联性[21]。结果表明：周麦 18 和百农 207 的柱头在去雄后 1～9 天形态发育稳健，在去雄后第 9 天退化不显著；西农 979、良星 99 和偃展 4110 的柱头在去雄后第 9 天形态发育退化明显（图 6.5）。

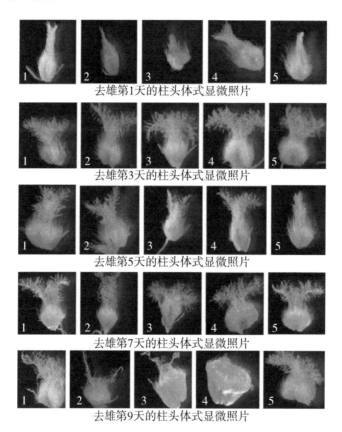

图 6.5　去雄不同天数的柱头体式显微照片

1：百农 207　2. 良星 99　3：西农 979　4：偃展 4110　5：周麦 18

薛辉等对黄淮麦区小麦耐倒春寒的相关性状进行评价并检测其优异等位变异，以 107 份黄淮麦区近十年（截至 2018 年）的主栽品种或正在参加区域试验的品种为研究对象，通过人工气候室对其耐倒春寒性状进行鉴定，并通过 660K SNP 芯片检测对其进行全基因组关联分析。共获得 80 个 SNP 标记与耐倒春寒相关性状相关联，与低温处理不育小花数关联的 SNP 标记分布在 1A、1B、2A、2B、3A、4B、5A、5B、6A、6B、7A 染色体上；与低温处理结实率关联的 SNP 标记分布在 1A、1B、2A、2B、2D、3A、3B、3D、4A、4B、5A、5B、6A、6B、7A、7B 和 7D 染色体上[22]。

在 5 个优良等位变异位点上，发现百农 207 有 4 个优异等位变异位点（表 6.8）。

表 6.8　优异等位变异在群体中的分布（节录）

小麦品种	AX-110630731	AX-109492586	AX-109955938	AX-110904719	AX-110064042
百农 207	+	+	−	+	+
豫麦 8 号	+	+	+	+	+
陕农 7859	−	−	−	+	+
北京 841	−	−	−	−	+
晋麦 47	+	+	+	−	+
周 8425B	−	−	−	+	+
新麦 9 号	+	+	−	+	+
豫麦 49	+	+	−	+	+
豫麦 51	−	−	−	+	+
内乡 188	−	−	−	+	−
郑麦 9023	+	+	+	−	−
邯 6172	−	−	−	+	+
济麦 20	+	+	+	+	+
太空 6 号	+	+	−	+	+
周麦 18	−	−	−	+	−
百农 AK58	−	−	−	+	+
洛旱 6 号	+	+	+	+	+
平安 6 号	+	+	−	+	+
豫农 202	−	−	−	+	+
周麦 22	−	−	−	+	+
中育 12	−	−	−	+	+
洛麦 23	+	+	−	+	+
新麦 26	+	+	−	+	−
开麦 21	−	−	−	+	+

（续）

小麦品种	AX-110630731	AX-109492586	AX-109955938	AX-110904719	AX-110064042
许科 316	−	−	−	＋	＋
郑麦 7698	−	−	−	＋	＋
周麦 27	−	−	−	＋	＋
郑麦 379	−	−	−	＋	＋
周麦 24	−	−	−	＋	＋
平安 9 号	−	−	−	＋	＋
存麦 10 号	−	−	−	＋	＋
枣乡 158	−	−	−	＋	＋
许麦 1242	＋	＋	−	＋	＋
南大 2419	＋	＋	＋	＋	＋
许科 168	＋	−	−	＋	＋
豫麦 2 号	＋	＋	−	＋	＋
陕优 225	＋	＋	−	＋	＋
豫麦 41	＋	＋	−	＋	＋
豫麦 47	＋	＋	−	＋	＋
豫麦 68	−	−	−	＋	＋
淮麦 19	＋	＋	＋	−	＋

注："＋"指含有该优异等位变异；"−"指不含有该优异等位变异。

2. 抗干热风

干热风是豫东小麦在生育后期经常遇到的气象生理病害，严重影响小麦产量。

按照全国农业技术推广服务中心及河南省农业技术推广总站部署，程乐庆在豫东平原腹地的商丘市夏邑县王集乡的刘寨村开展试验，试验田土质为两合土，灌溉方便，土壤肥力中上等。选用当时生产上主推的小麦品种百农207、淮麦22、周麦22、丰德存麦8号、周麦24、周麦28、商麦1号、周麦32、周麦27为材料，每个品种种植一区，每区面积100 m²，设6个重复。播种、施肥、病虫草害防治及田间管理同大田小麦生产一致。从连续两年试验结果可以看出，9个品种的亩产量在467.4～610.3 kg，百农207综合性能表现突出，两年亩产量均超过 600 kg，位列第一（表 6.9、表 6.10），表现出抗高温能力强，其根系发达、植株健壮，在生育中后期表现出功能叶面积大、延衰，从而光合能力强[23]。

表 6.9 2014—2015 年主推小麦品种抗干热风危害对比试验产量

小麦品种	产量三要素			折 85% 实际产量/	位次
	有效穗数/（万穗/亩）	穗粒数/粒	千粒重/g	（kg/亩）	
百农 207	46.8	32.9	46.1	603.3	1
淮麦 22	47.5	32.5	45.7	599.7	2
周麦 22	46.8	32.7	45.4	590.6	3
丰德存麦 8 号	44.0	32.6	48.1	586.5	4
周麦 24	46.3	32.1	46.0	581.1	5
周麦 28	47.2	32.0	44.6	572.6	6
商麦 1 号	47.0	31.8	44.2	561.5	7
周麦 32	45.0	30.0	43.1	494.6	8
周麦 27	44.0	29.2	42.8	467.4	9

表 6.10 2015—2016 年主推小麦品种抗干热风危害对比试验产量

小麦品种	产量三要素			折 85% 实际产量/	位次
	有效穗数/（万穗/亩）	穗粒数/粒	千粒重/g	（kg/亩）	
百农 207	45.1	35.3	45.1	610.3	1
淮麦 22	43.3	33.4	47.3	581.5	2
周麦 22	42.5	33.6	47.5	576.6	3
丰德存麦 8 号	41.5	33.1	46.0	537.1	4
周麦 24	40.2	33.0	47.5	535.6	5
周麦 28	43.4	31.6	45.6	531.6	6
商麦 1 号	40.5	32.8	46.7	527.3	7
周麦 32	40.4	33.0	46.3	524.7	8
周麦 27	41.5	32.5	45.6	522.8	9

从综合性能、灌浆速率及产量等因素看，百农 207 是最适宜豫东平原种植

的抗干热风小麦主推品种。

3. 抗穗发芽

张宗敏等在新乡市辉县市北云门镇中小营村的小麦试验田成熟期间经过连续 3 天大雨之后，从 2016 年 6 月 6 日开始，连续 4 天调查了 14 个不同小麦品种的穗发芽程度[24]，研究结果表明百农 219、济麦 22、百农 207 的正常种子所占比率较高，即这 3 个品种的抗穗发芽能力较强（表 6.11 至表 6.14）。

表 6.11　不同小麦品种的正常种子所占比率差异显著性比较

小麦品种	平均比率/%	差异显著性	
		0.05 水平	0.01 水平
百农 219	88.85	a	A
济麦 22	75.37	b	B
百农 207	**69.58**	**bc**	**BC**
百农 365	67.27	cd	BCD
华育 198	64.97	cd	CDE
偃展 4110	60.78	de	CDEF
百农 201	58.06	ef	DEF
苑丰 519	56.39	ef	EF
西农 979	55.31	ef	FG
百农 AK58	52.92	fg	FGH
周麦 18	46.98	gh	GH
淮麦 33	45.91	h	H
华育 116	36.67	i	I
周麦 22	35.98	i	I

注：不同小写字母表示品种间差异显著（$P < 0.05$），不同大写字母表示品种间差异极显著（$P < 0.01$）。

表 6.12　不同小麦品种的萌动种子所占比率差异显著性比较

小麦品种	平均比率/%	差异显著性	
		0.05 水平	0.01 水平
周麦 22	55.95	a	A
淮麦 33	47.24	b	AB
百农 AK58	44.43	b	BC
华育 116	44.15	b	BC
苑丰 519	42.89	bc	BC

（续）

小麦品种	平均比率/%	差异显著性	
		0.05 水平	0.01 水平
周麦 18	42.23	bc	BC
百农 201	35.99	cd	CD
西农 979	35.46	cd	CD
偃展 4110	33.97	d	CD
百农 365	31.19	d	DE
百农 207	**29.19**	**de**	**DE**
华育 198	28.54	de	DE
济麦 22	23.57	e	E
百农 219	10.24	f	F

注：不同小写字母表示品种间差异显著（$P<0.05$），不同大写字母表示品种间差异极显著（$P<0.01$）。

表 6.13　不同小麦品种的亚发芽种子所占比率差异显著性比较

小麦品种	平均比率/%	差异显著性	
		0.05 水平	0.01 水平
华育 116	19.18	a	A
周麦 18	10.79	b	B
西农 979	9.23	bc	B
周麦 22	8.07	bc	BC
淮麦 33	7.85	bc	BCD
华育 198	6.49	bcd	BCDE
百农 201	5.95	cde	BCDE
偃展 4110	5.25	cdef	BCDE
百农 AK58	2.65	def	CDE
百农 365	1.54	ef	DE
百农 207	**1.22**	**f**	**E**
济麦 22	1.05	f	E
百农 219	0.91	f	E
苑丰 519	0.72	f	E

注：不同小写字母表示品种间差异显著（$P<0.05$），不同大写字母表示品种间差异极显著（$P<0.01$）。

表 6.14　不同小麦品种的不同状态种子所占比率

单位:%

小麦品种	正常比率			萌动比率			亚发芽比率		
	Ⅰ	Ⅱ	Ⅲ	Ⅰ	Ⅱ	Ⅲ	Ⅰ	Ⅱ	Ⅲ
百农 207	**68.16**	**67.87**	**72.72**	**29.53**	**31.39**	**26.66**	**2.31**	**0.74**	**0.62**
华育 198	68.12	64.09	62.69	26.84	25.70	33.09	5.04	10.21	4.22
百农 201	55.99	58.41	59.79	35.84	35.75	36.37	8.17	5.84	3.84
苑丰 519	57.61	62.46	49.10	42.39	36.84	49.44	0.00	0.70	1.46
百农 365	69.93	65.59	66.29	28.61	32.43	32.52	1.46	1.98	1.19
百农 219	87.85	87.43	91.27	11.15	11.27	8.29	1.00	1.30	0.44
周麦 18	44.98	48.32	47.65	43.66	42.60	40.43	11.36	9.08	11.92
周麦 22	41.50	27.79	38.65	46.87	64.05	56.92	11.63	8.16	4.43
百农 AK58	50.54	55.25	52.98	47.39	41.54	44.35	2.07	3.21	2.67
济麦 22	74.80	72.23	79.09	24.16	26.22	20.34	1.04	1.55	0.57
西农 979	58.92	53.61	53.40	35.74	35.84	34.80	5.34	10.55	11.80
偃展 4110	63.43	61.11	57.81	31.94	31.80	38.16	4.63	7.09	4.03
淮麦 33	49.42	44.68	43.62	40.53	49.53	51.67	10.05	5.79	7.71
华育 116	31.98	40.84	37.19	42.58	39.50	50.37	25.44	19.66	12.44

朱玉磊用 GLM 和 MLM 两种方法对自然群体材料基因型和休眠性状进行关联分析，5 个主要位点（2AL、3AS、3BL、5AL、5BL）被鉴定出来，其中 2AL 上的位点对小麦种子保持较长时间休眠贡献最大，2AL 上存在一个新的抗穗发芽主效 Qsd.ahau-2AL，和该位点紧密连锁的标记 CAPS-2AL 与穗发芽抗性紧密相关，可用于小麦穗发芽抗性分子标记辅助育种。以京 411/红芒春 21RILs 的亲本和 30+30 穗发芽抗性极端混池为材料，利用 BSR-Seq 技术提取亲本间与混池间一致存在的差异表达基因 4 673 个，其中 29 个包含显著富集关联 SNP 位点。在这 29 个差异基因中，有 8 个存在于小麦 2A 染色体，设计特异性引物在 8 份穗发芽极端抗感材料中进行扩增，经测序、拼接、比对，鉴定了候选基因，将其命名为 TaCNGC8-A1，为一膜结合蛋白，涉及阳离子转运过程。TaCNGC8-A1 基因功能标记 CNG2AL 与小麦穗发芽抗性密切相关，其与小麦种子发芽指数和田间自然发芽率均呈显著或极显著相关性，可用于小麦穗发芽抗性分子标记辅助育种[25]。

百农 207 的基因型含有抗穗发芽标记 $CAPS-2AL-a$ 和 $CNG2AL-a$，具有较强的抗穗发芽能力。

4. 耐旱

河南科技学院小麦遗传改良研究中心主持培育的小麦新品种百旱 207，由百农 207 系选而成，继承了原品种百农 207 耐旱性较好的特点，于 2016 年通过河南省审定（豫审麦 2017025）。2017 年，百旱 207 品种权转让费高达 655 万元，创省审小麦品种空前纪录。百旱 207 是当前河南省旱地重点示范推广品种，并已在陕西省等地引种备案。

王冰冰在洛阳市宜阳县筛选适宜该地区种植的旱地优质、高产小麦品种，试验地点在高村乡的石村，该村土壤为褐土，肥力中上等（宜阳县旱地的平均水平）。研究结果表明，百农 207 在豫西旱地长势旺、叶宽大、叶深绿色、产量高，表现突出。百农 207 每亩较当地对照品种豫麦 49-198 增产 51.5 kg；每亩较河南省旱地对照品种洛旱 7 号增产 93.2 kg（表 6.15）[26]。

表 6.15　田间测产及考种表

小麦品种	产量三要素			理论产量/(kg/亩)	比对照品种增减产量/(kg/亩)	产量位次
	有效穗数/(万穗/亩)	穗粒数/粒	千粒重/g			
洛旱 6 号	22.6	41.9	46.3	372.7	−52.6	9
洛旱 7 号	28.5	34.5	45.9	383.6	−41.7	8
洛旱 10 号	32.8	33.2	44.3	410.0	−15.3	6
众麦 1 号	28.7	41.9	38.4	392.5	−32.8	7
百农 207	**30.2**	**42.9**	**43.3**	**476.8**	**+51.5**	**2**
郑农 17	29.5	42.6	44.4	474.3	+49.0	3
华育 198	42.3	35.8	46.7	601.1	+175.8	1
豫麦 41	36.3	36.8	40.7	462.1	+36.8	4
豫麦 49-198（CK）	36.5	34.1	40.2	425.3	0	5

王稼苜等以周麦 22、华育 198、周麦 16、百农 207、洛旱 7 号、百农 AK58、百农 64、周麦 18 这 8 个小麦品种为材料，研究了小麦苗期在聚乙二醇 6000（PEG 6000）模拟干旱胁迫下根长度相对增长率、根面积相对增长率等指标的变化。结果表明，在干旱条件下，百农 207 根长度相对增长率为

66%（表6.16），根面积相对增长率为57%（表6.17）[27]。

依据抗旱性，将8个小麦品种分为4类，其中百农207和洛旱7号、周麦16为一类，抗旱性较强。

表6.16　根长度相对增长率

小麦品种	根长度相对增长率/%	差异显著性	
		0.05 水平	0.01 水平
周麦 22	89	a	A
华育 198	78	ab	AB
周麦 16	66	abc	AB
百农 207	**66**	**abc**	**AB**
洛旱 7 号	62	bc	AB
百农 AK58	59	bc	AB
百农 64	47	c	B
周麦 18	—55	d	C

注：不同小写字母表示品种间差异显著（$P<0.05$），不同大写字母表示品种间差异极显著（$P<0.01$）。

表6.17　根面积相对增长率

小麦品种	根面积相对增长率/%	差异显著性	
		0.05 水平	0.01 水平
周麦 22	85	a	A
华育 198	72	ab	A
百农 AK58	61	ab	A
周麦 16	59	ab	A
百农 207	**57**	**ab**	**A**
洛旱 7 号	53	b	A
百农 64	50	b	A
周麦 18	—59	c	B

注：不同小写字母表示品种间差异显著（$P<0.05$），不同大写字母表示品种间差异极显著（$P<0.01$）。

张自阳等以不同年代小麦品种为材料，包括百农 3217（1981 年河南省审定）、郑麦 9023（2001 年河南省审定）、周麦 18（2005 年国审）、百农 AK58（2005 年国审）、百农 207（2013 年国审），采用 20% PEG 6000 营养液模拟干旱处理。研究结果表明，在干旱胁迫下，百农 207 的发芽势为 71.0%，显著高于百农 AK58（45.0%）和周麦 18（44.0%），同时百农 207 在干旱胁迫下的发芽率为 79.0%，显著高于百农 AK58（60.0%）和周麦 18（49.5%）[28]。

结果表明，干旱胁迫对周麦 18、百农 AK58 发芽势、发芽率影响较大；对百农 3217、郑麦 9023 影响较小；对百农 207 影响中等。干旱胁迫对不同年代小麦品种子发芽势和发芽率的影响见表 6.18。

表 6.18　干旱胁迫对不同年代小麦品种种子发芽势和发芽率的影响

单位:%

小麦品种	发芽势		发芽率	
	对照	干旱胁迫	对照	干旱胁迫
百农 3217	97.6a	89.0a	99.2a	92.0a
郑麦 9023	97.2a	84.5b	97.6a	86.5ab
周麦 18	74.2c	44.0 d	83.4c	49.5c
百农 AK58	78.2b	45.0 d	87.0b	60.0c
百农 207	**96.4a**	**71.0c**	**97.6a**	**79.0b**

注：同列数据后不同小写字母表示品种间差异显著（$P<0.05$）。

5. 耐渍

欧行奇等通过室内模拟试验，研究黄淮海地区 4 个小麦品种在种子的发芽出苗期遭遇淹水胁迫的敏感性[29]。研究结果表明，随着淹水胁迫天数的增加，各品种相对发芽率、根系活力、相对苗干重、相对根干重均呈现降低趋势；百农 207 相对发芽率、根系活力均显著高于其余 3 个品种；各品种 10 日龄苗叶片的 SOD 活性、POD 活性均随淹水胁迫天数的增加而显著增强，其中百农 207 淹水 1 天和 2 天处理的叶片 SOD 活性和叶片 POD 活性显著高于其余品种同一淹水处理；各品种叶片丙二醛含量、叶片可溶性蛋白质含量、叶片脯氨酸含量均随淹水胁迫天数的增加而降低，其中同一淹水胁迫处理天数下，百农 207 的叶片丙二醛含量最低，叶片可溶性蛋白质含量、叶片脯氨酸含量则显著高于其余 3 个品种。

对比 4 个品种在淹水胁迫条件下的幼苗形态、酶活性和非酶物质的变化，百农 207 在种子发芽期具有较强的耐渍性，其次是百农 AK58，周麦 18 和周麦 22 在种子发芽期的耐渍性较差（图 6.6 至图 6.16）。

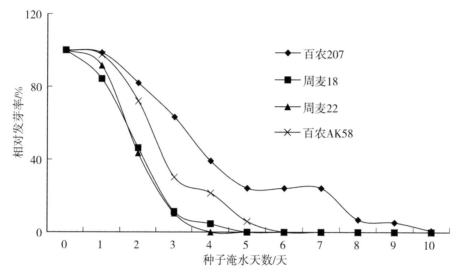

图 6.6　种子淹水天数对相对发芽率的影响

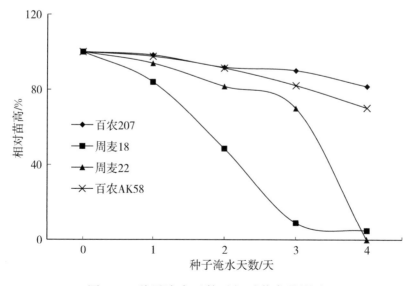

图 6.7　种子淹水天数对相对苗高的影响

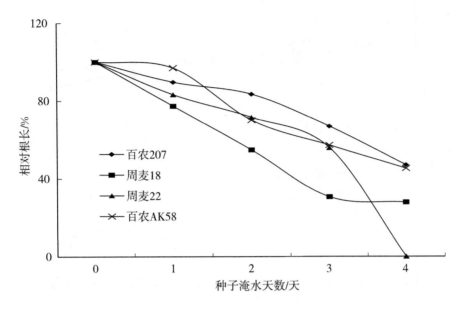

图 6.8　种子淹水天数对相对根长的影响

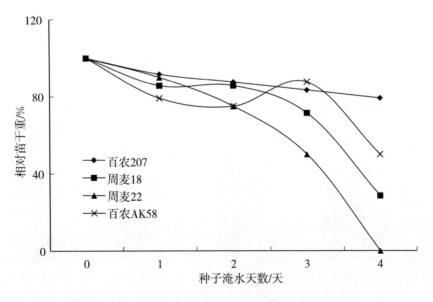

图 6.9　种子淹水天数对相对苗干重的影响

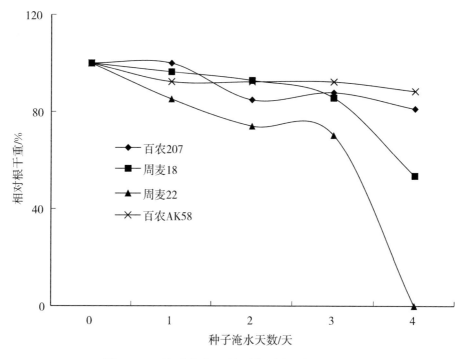

图 6.10　种子淹水天数对相对根干重的影响

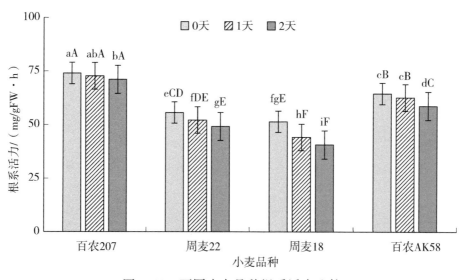

图 6.11　不同小麦品种根系活力比较

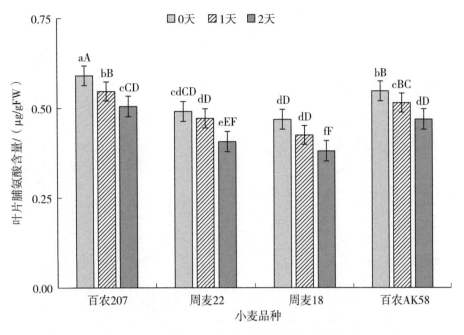

图 6.12　不同小麦品种叶片脯氨酸含量比较

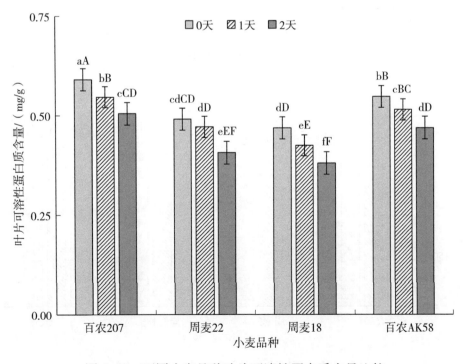

图 6.13　不同小麦品种叶片可溶性蛋白质含量比较

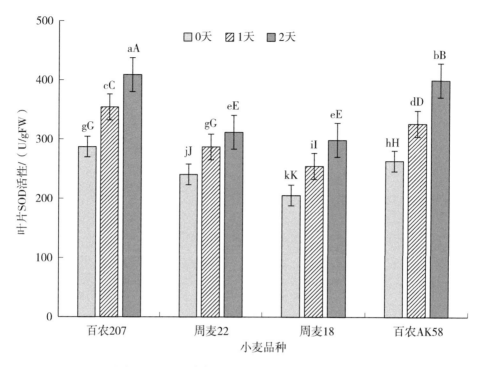

图 6.14 不同小麦品种叶片 SOD 活性比较

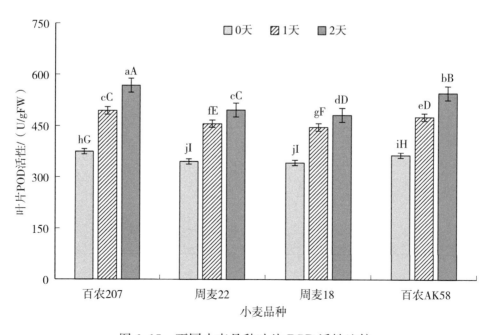

图 6.15 不同小麦品种叶片 POD 活性比较

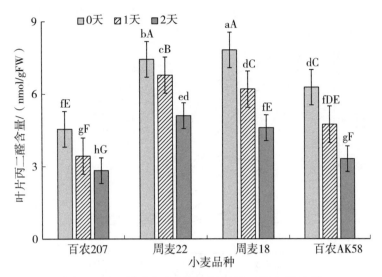

图 6.16　不同小麦品种叶片丙二醛含量比较

6. 耐盐

土壤盐碱化是当今世界农业面临的主要非生物胁迫之一，筛选和培育作物的耐盐品种，提高作物本身的耐盐能力，对改良利用盐碱地和提高作物产量都具有重要的意义。

李新华等以大面积推广或新育成的小麦品种周麦 18、百农 207、华育198、百农 AK58、百农 69 为材料，初步研究了 NaCl 胁迫对小麦种子发芽率、发芽势、幼苗生长的影响[30]。研究结果表明，NaCl 胁迫条件下，所有供试品种的相对发芽势均明显降低，而且随着 NaCl 浓度的增加，相对发芽势逐渐降低；在 NaCl 溶液的浓度为 50 mmol/L 和 100 mmol/L 时，百农 207 和周麦 18的相对发芽势较高；当 NaCl 溶液的浓度在200 mmol/L 及以上时，周麦 18 和百农 207 的相对发芽势与 NaCl 溶液的浓度为150 mmol/L 时差异不大，表现最为突出（图 6.17）。

与对照相比，NaCl 胁迫下，所有供试品种的相对发芽率均明显降低，而且随着 NaCl 溶液浓度的增加，相对发芽率逐渐降低。在 NaCl 溶液的浓度为 50 mmol/L 和 100 mmol/L 时，百农 207 和周麦 18 的相对发芽率高于其余品种，并且在 NaCl 溶液的浓度从50 mmol/L 升至 100 mmol/L 时，百农 207 的相对发芽率下降不明显；当 NaCl 溶液的浓度为最大的 250 mmol/L 时，各品种的相对发芽率在 0.00%～21.47%，其中百农 207 和周麦 18 的相对发芽率高于其余品种，分别为 21.47% 和 17.13%，而百农 AK58 和百农 69 则不萌发（图 6.18）。

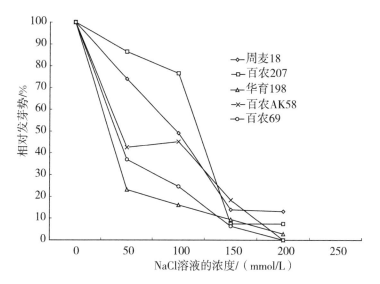

图 6.17　NaCl 胁迫下不同小麦品种相对发芽势的变化

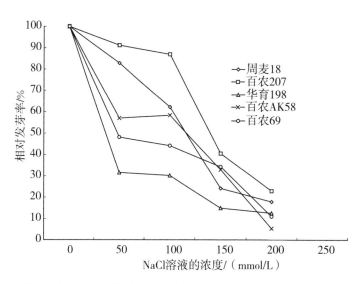

图 6.18　NaCl 胁迫下不同小麦品种相对发芽率的变化

　　随着 NaCl 溶液浓度的增加，所有小麦品种的相对根长均呈下降趋势，在 NaCl 溶液的浓度为 50 mmol/L 和 100 mmol/L 时，各品种的相对根长都较大，其中以周麦 18 的相对根长下降得最不明显；当达到最高浓度 250 mmol/L 时，各品种的相对根长都降到最小值，其中百农 207 的相对根长为 11.61%，在 5 个品种中表现最为突出（图 6.19）。

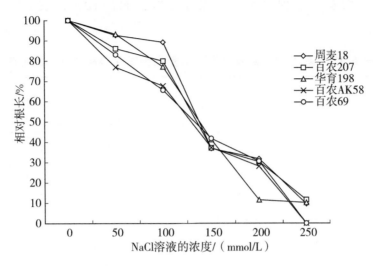

图 6.19 NaCl 胁迫下不同小麦品种相对根长的变化

对各指标数据的综合比较可以看出，5 个小麦品种的发芽势、发芽率、根长和苗高的相对值均明显下降，不同品种间及不同 NaCl 溶液的浓度间均有明显变化，百农 207、周麦 18 表现出较强的耐盐性；百农 AK58、百农 69 和华育 198 的耐盐能力依次降低。另外，从试验过程中的小麦长势来看，百农 207 表现出幼苗健壮、叶色深绿。在有一定盐碱化的土地上，可以优先考虑推广种植百农 207。

7. 耐重金属

镉（Cd）是众所周知的重金属"五毒"元素之一，因其分解周期长、移动性大、毒性高、难降解等特点而备受关注，农业生产活动中容易被作物吸收富集，不仅严重影响作物的产量和品质，而且可以通过食物链在人体内积累，危害人体健康。

曹丹等为了筛选出适合徐州地区的镉（Cd）耐性小麦品种，通过室内培养法对徐州市主栽的 14 种小麦的种子在 40 mg/L 镉（Cd）胁迫下小麦发芽势、发芽率、胚根长、胚芽长、胚根鲜重及胚芽鲜重等生理指标进行分析，探讨不同小麦品种萌发期对镉（Cd）胁迫的耐性机制[31]。结果表明，不同小麦品种对镉（Cd）胁迫的耐性不同，总体来看，对小麦发芽势的影响大于对小麦发芽率的影响，小麦胚根长度对镉（Cd）的耐性最弱。聚类分析可将 14 个小麦品种划分为镉（Cd）胁迫抑制型（百农 AK58 和新麦 208）、镉（Cd）胁迫中间型（迁麦 1 号、新麦 228、豫农 35 和金禾 9123）和镉（Cd）胁迫耐受型（徐麦 30、徐麦 33、保麦 2 号、保麦 5 号、烟农 19、百农 207、淮麦 20 和淮麦 35）（表 6.19）。

表 6.19　镉（Cd）胁迫对不同小麦品种发芽势和发芽率的影响

小麦品种	发芽势			发芽率		
	CK/%	Cd/%	I	CK/%	Cd/%	I
徐麦 30	96.3	62.0	0.36	98.7	90.3	0.09
徐麦 33	99.3	56.0	0.44	100.0	92.0	0.08
保麦 2 号	100.0	100.0	0.00	100.0	100.0	0.00
保麦 5 号	99.0	92.0	0.07	100.0	92.0	0.08
烟农 19	96.0	91.0	0.05	98.3	92.0	0.06
金禾 9123	94.3	76.0	0.19	96.0	76.0	0.21
迁麦 1 号	98.0	64.3	0.34	98.0	68.7	0.30
百农 AK58	94.7	46.0	0.51	96.0	50.3	0.48
百农 207	**100.0**	**90.0**	**0.10**	**100.0**	**100.0**	**0.00**
新麦 208	98.0	50.3	0.49	98.0	54.7	0.44
新麦 228	95.7	54.7	0.43	97.7	84.0	0.14
淮麦 20	100.0	100.0	0.00	100.0	100.0	0.00
淮麦 35	96.0	70.0	0.27	96.0	70.0	0.27
豫农 35	95.7	62.3	0.35	96.7	67.7	0.30

注：胁迫指数（I）＝1－处理值/对照值。

8. 耐植物化感

黄顶菊为菊科黄顶菊属的一年生草本植物，原产于南美洲，冠有"生态杀手"之名，对植被地有极大的破坏性，具有适应能力强、生长速度快、根系发达、种子量大、繁殖力强、分泌化感物质等特点。2001 年在衡水湖畔首次被发现，近年来，黄顶菊在河北省的邯郸市、邢台市、衡水市、沧州市、石家庄市、保定市等地以及天津市不同程度发生，呈现出以河北省中、南部为中心向周边其他地区扩散的趋势。

2009 年 6 月，河南科技学院许桂芳教授等首次在新乡学院附近发现黄顶菊幼苗，并呈现出迅速蔓延的趋势。调查表明，从地理角度来看，大有由北向南入侵之势，一旦黄顶菊由北向南席卷中原地区，大面积侵入农田，必然对本地物种的正常生长造成严重阻碍并对农业生产造成不可估量的损失。化感作用是由供体植物分泌到环境中的次生代谢物（化感物质）介导的对自然和农业生态系统产生影响的现象。化感物质是植物经茎叶挥发、茎叶淋浴、根系分泌及植物残株的分解等途径向环境中释放出的化学物质，并对周围植物的生长和发育产生影响[32]。

代磊等为了解黄顶菊的化感效应，研究了不同浓度的黄顶菊种子浸提液及茎秆浸提液对5种作物种子萌发及幼苗生长的化感效应。结果表明，黄顶菊种子浸提液除了0.02 g/mL的浓度对春菜的发芽率和茎长不产生抑制效应外，其他各个处理都表现出抑制作用，且随着浸提液浓度的增加而化感效应增强；RI和SE大都为负值，说明黄顶菊浸提液的化感抑制效应明显，且不同作物的种子对黄顶菊浸提液的敏感程度不同。如表6.20所示，2个小麦品种对黄顶菊茎秆浸提液的敏感性由强至弱依次为周麦18、百农207。因此，在黄顶菊入侵严重且防除不好的地区，针对这2个小麦品种来说，可优先选择种植百农207[33]。

表 6.20　黄顶菊茎秆浸提液对 2 种小麦品种的化感效应

小麦品种	处理浓度/ （g/mL）	指标一		指标二		指标三		
		株高/cm	RI	叶长/cm	RI	最长根长/cm	RI	SE
周麦 18	CK	30.13a	0.00	23.63a	0.00	31.63a	0.00	0.00
	0.01	28.00ab	−0.07	20.38ab	−0.14	23.50ab	−0.26	−0.16
	0.025	26.63ab	−0.12	19.75ab	−0.16	21.25b	−0.33	−0.20
	0.05	25.33b	−0.16	18.83b	−0.20	18.00b	−0.43	−0.26
	0.075	24.17b	−0.20	17.67b	−0.25	17.67b	−0.44	−0.30
百农 207	CK	29.00a	0.00	22.38a	0.00	42.25a	0.00	0.00
	0.01	28.00a	−0.03	21.67a	−0.03	41.00a	−0.03	−0.03
	0.025	27.63ab	−0.05	19.75a	−0.12	37.25a	−0.12	−0.10
	0.05	26.25ab	−0.09	19.13a	−0.15	24.38b	−0.42	−0.22
	0.075	23.43b	−0.19	17.50b	−0.22	23.93b	−0.43	−0.28

注：①RI为化感效应指数；SE为化感综合效应指数，是同一处理下受体种子发芽率、根长、茎长（株高）等项目化感效应指数（RI）的算术平均值。

②同列数据后不同小写字母表示品种间差异显著（$P<0.05$）。

（二）大田综合抗病性强

1. 赤霉病较轻

2010—2011 年度黄淮南片冬水组区域试验赤霉病病级（指）和抗级鉴定结果表明，全部参试品种中，抗级分为中感（MS）和高感（HS），其中，百农 207 为中感（MS）；从病级（指）看，百农 207 相对较轻，仅次于淮核 0615、涡麦 0608 和淮麦 0705，居第四位（表 6.21）。

表 6.21　2010—2011 年度黄淮南片冬水组区域试验赤霉病病级（指）和抗级

流水号	小麦品种	赤霉病的病级（指）和抗级
34	泛麦 8 号	43.5HS
35	中原 6 号	40.6 HS
36	郑麦 7698	38.0HS
37	金禾 9123	35.2MS
38	皖科 06290	32.8 MS
39	现麦 1 号	33.3 MS
40	淮麦 0705	30.3 MS
41	皖科 700	31.3 MS
42	长河 25	34.8 MS
43	**百农 207**	**30.5 MS**
44	安农 0822	32.3 MS
45	周麦 28	35.0 MS
46	周麦 18（CK1）	44.8 MS
48	周麦 27	47.0 HS
49	丰德存麦 1 号	38.3 HS
50	浚麦 35	40.5 HS
51	明天 0417	41.3 HS
52	平安 8 号	42.0 HS
53	涡麦 0608	29.8MS
54	丹试 802	33.8MS

（续）

流水号	小麦品种	赤霉病的病级（指）和抗级
55	华慧 1088	31.0 MS
56	中泛 5 号	40.3 HS
57	中麦 895	33.3 MS
58	淮核 0615	27.3 MS
59	周麦 18（CK）	31.2 MS

2011—2012 年度黄淮南片冬水组区域试验赤霉病病级（指）和抗级鉴定结果表明，全部参试品种中，抗级均为高感（HS）；从病级（指）看，百农 207 相对较轻，仅次于淮麦 0705，居第二位（表 6.22）。

表 6.22　2011—2012 年度黄淮南片冬水组区域试验赤霉病病级（指）和抗级

流水号	小麦品种	赤霉病的病级（指）和抗级
WJ12 - 030	淮麦 0705	48.00HS
WJ12 - 031	长河 25	60.20 HS
WJ12 - 032	众优 989	57.61 HS
WJ12 - 033	**百农 207**	**50.50 HS**
WJ12 - 034	漯 9920	68.50 HS
WJ12 - 035	西农 622	67.86 HS
WJ12 - 036	丰德存麦 5 号	67.11 HS
WJ12 - 037	华瑞 0049	54.68 HS
WJ12 - 038	周麦 26	67.75 HS
WJ12 - 039	华成 3366	55.00 HS
WJ12 - 040	郑育麦 518	58.50 HS
WJ12 - 041	徐麦 9074	56.73 HS
WJ12 - 042	西农 167	69.71 HS
WJ12 - 043	未来 0818	68.79 HS
WJ12 - 044	周麦 28	75.00 HS
WJ12 - 045	中麦 895	76.68 HS

（续）

流水号	小麦品种	赤霉病的病级（指）和抗级
WJ12 - 046	新麦 0401	73.50 HS
WJ12 - 047	漯 6073	74.75 HS
WJ12 - 048	洛麦 05159	76.50 HS
WJ12 - 049	花培 8 号	77.75 HS
WJ12 - 050	保丰 10 - 82	76.00 HS
WJ12 - 051	淮麦 0882	76.50 HS
WJ12 - 053	鲁原 502	77.25 HS
WJ12 - 054	金粒 88	79.75 HS
WJ12 - 055	国麦 10 号	73.50 HS
WJ12 - 056	周麦 18	78.00 HS

张彬等采用人工接种鉴定的方法，对黄淮南片麦区的河南、安徽、陕西、江苏 4 省的 65 个主栽小麦品种进行赤霉病抗性鉴定[34]。

经单花滴注接种抗扩展型鉴定，中抗（MR）品种 1 个，为西农 511；中感（MS）品种有百农 207、烟 5158、西农 889、西农 2000 等 14 个；高感（HS）品种为皖麦 52、西农 979、瑞华 520 等 50 个。河南省的中感（MS）品种和高感（HS）品种分别有 2 个和 22 个，占河南省主栽品种的 8.3% 和 91.7%，百农 207 表现为中感（MS），具有较强的赤霉病抗扩展能力（表 6.23）。

表 6.23　黄淮南片麦区主栽小麦品种赤霉病抗性评价（单花滴注接种）

小麦品种	平均严重度	抗性评价	种植区域	小麦品种	平均严重度	抗性评价	种植区域
苏麦 3 号	1.6	HR	高抗对照	徐农 0029	3	MS	安徽
西农 511	2.3	MR	陕西	西农 3517	3	MS	陕西
郑麦 9023	2.6	MR	中抗对照	江麦 816	3	MS	江苏
烟 5158	2.7	MS	安徽	西农 538	3.1	MS	陕西
西农 889	2.8	MS	陕西	郑麦 101	3.3	MS	河南
西农 2000	2.9	MS	陕西	**百农 207**	**3.4**	**MS**	**河南**
淮麦 28	3	MS	安徽	皖麦 50	3.5	MS	安徽

（续）

小麦品种	平均严重度	抗性评价	种植区域	小麦品种	平均严重度	抗性评价	种植区域
西农 509	3.5	MS	陕西	明麦 16	4.7	HS	安徽
江麦 919	3.5	MS	江苏	郑麦 366	4.8	HS	河南
徐麦 31	3.6	MS	安徽	洛麦 23	4.8	HS	河南
郑麦 0943	3.6	MS	中感对照	周麦 22	5	HS	河南
皖麦 52	3.7	HS	安徽	安农 0711	5	HS	安徽
西农 979	3.8	HS	陕西	良星 99	5	HS	安徽
瑞华 520	3.8	HS	江苏	烟农 19	5	HS	安徽
宁麦 13	3.9	HS	安徽	郑麦 583	5.1	HS	河南
济麦 22	3.9	HS	安徽	衡观 35	5.1	HS	河南
淮麦 36	3.9	HS	江苏	中麦 175	5.1	HS	河南
兰考 198	4	HS	河南	安科 157	5.1	HS	安徽
许农 7 号	4	HS	河南	连麦 2 号	5.1	HS	安徽
徐麦 33	4	HS	江苏	徐麦 30	5.1	HS	安徽
明麦 2 号	4.1	HS	江苏	西农 529	5.1	HS	陕西
众麦 1 号	4.3	HS	河南	周麦 18	5.1	HS	高感对照
先麦 10 号	4.3	HS	河南	保麦 6 号	5.2	HS	江苏
扬麦 15	4.3	HS	河南	保麦 5 号	5.2	HS	江苏
西农 585	4.3	HS	陕西	豫农 416	5.3	HS	河南
徐麦 35	4.3	HS	江苏	山农 20	5.3	HS	河南
淮麦 33	4.3	HS	江苏	百农 AK58	5.4	HS	河南
中麦 895	4.5	HS	河南	豫麦 49－198	5.4	HS	河南
丰德存麦 1 号	4.5	HS	河南	鲁原 502	5.4	HS	河南
周麦 16	4.5	HS	河南	小偃 22	5.4	HS	陕西
良星 66	4.5	HS	安徽	淮麦 29	5.5	HS	安徽
郑麦 7698	4.6	HS	河南	连麦 8 号	5.6	HS	江苏
泛麦 5 号	4.6	HS	安徽	徐麦 9158	5.7	HS	江苏
周麦 27	4.7	HS	河南	农麦 1 号	5.9	HS	江苏
平安 8 号	4.7	HS	河南				

经土表接种抗侵染型鉴定，百农 207 表现为高感（HS），但在高感（HS）品种中，其病情指数仅略高于丰德存麦 1 号、烟 5158、淮麦 28、淮麦 33、中麦 895、西农 538 等 6 个品种，与中感（MS）对照品种郑麦 0943 接近，低于中麦 175、明麦 16、徐麦 30、济麦 22、周麦 16 等 38 个品种（表 6.24）。

表 6.24　黄淮南片麦区主栽小麦品种赤霉病抗性评价（土表接种）

小麦品种	病穗率/%	病情指数	抗性评价	种植区域	小麦品种	病穗率%	病情指数	抗性评价	种植区域
苏麦 3 号	20	3	HR	高抗对照	**百农 207**	**80**	**53**	**HS**	河南
徐农 0029	70	20	MR	安徽	中麦 175	90	54	HS	河南
西农 511	50	22	MR	陕西	明麦 16	80	54	HS	安徽
保麦 6 号	60	25	MR	江苏	徐麦 30	90	55	HS	安徽
郑麦 9023	60	27	MR	中抗对照	济麦 22	70	56	HS	安徽
徐麦 31	60	30	MS	安徽	周麦 16	70	58	HS	河南
瑞华 520	90	31	MS	江苏	江麦 816	80	59	HS	江苏
西农 3517	60	33	MS	陕西	徐麦 9158	80	62	HS	江苏
皖麦 52	70	36	MS	安徽	豫农 416	80	63	HS	河南
扬麦 15	60	38	MS	河南	许农 7 号	90	64	HS	河南
西农 979	60	38	MS	陕西	皖麦 50	80	64	HS	安徽
淮麦 36	80	39	MS	江苏	周麦 27	80	66	HS	河南
平安 8 号	60	40	MS	河南	西农 585	80	66	HS	陕西
良星 66	80	40	MS	安徽	保麦 5 号	90	70	HS	江苏
烟农 19	80	42	MS	安徽	泛麦 5 号	90	71	HS	安徽
西农 889	70	43	MS	陕西	徐麦 35	80	72	HS	江苏
西农 2000	70	44	MS	陕西	明麦 2 号	90	72	HS	江苏
江麦 919	80	44	MS	江苏	兰考 198	90	73	HS	河南
淮麦 33	90	45	MS	江苏	连 2 号	90	75	HS	安徽
山农 20	70	46	MS	河南	周麦 22	90	76	HS	河南
郑麦 101	70	46	MS	河南	淮麦 29	80	76	HS	安徽
西农 509	80	47	MS	陕西	郑麦 366	90	77	HS	河南
连麦 8 号	80	47	MS	江苏	周麦 18	90	77	HS	高感对照
郑麦 0943	80	48	MS	中感对照	郑麦 583	85	79	HS	河南
丰德存麦 1 号	70	49	HS	河南	众麦 1 号	80	79	HS	河南
烟 5158	80	49	HS	安徽	豫麦 49 - 198	80	80	HS	河南
淮麦 28	60	50	HS	安徽	郑麦 7698	100	83	HS	河南
徐麦 33	100	50	HS	江苏	良星 99	90	83	HS	安徽
中麦 895	90	51	HS	河南	安科 157	100	85	HS	安徽
西农 538	70	51	HS	陕西	宁麦 33	90	86	HS	安徽

（续）

小麦品种	病穗率/%	病情指数	抗性评价	种植区域	小麦品种	病穗率%	病情指数	抗性评价	种植区域
安农 0711	90	86	HS	安徽	洛麦 23	100	96	HS	河南
百农 AK58	100	87	HS	河南	鲁原 502	100	96	HS	河南
先麦 10 号	90	87	HS	河南	小偃 22	100	98	HS	陕西
衡观 35	100	93	HS	河南	农麦 1 号	100	100	HS	江苏
西农 529	100	94	HS	陕西					

2. 白粉病轻

据河南科技学院小麦遗传改良研究中心欧行奇等在河南省新乡市新乡县翟坡镇杨任旺村稻茬地小麦育种田多年观察，重感白粉病的小麦品种植株上，白粉病病菌可以上升至麦穗甚至麦芒部位，而百农 207 植株上的白粉病病菌仅能上升至植株中部，从未上升至旗叶部位，表现为白粉病中抗。中国农业科学院小麦育种专家何中虎博士、河南科技学院小麦育种专家茹振钢教授等经过初步研究，认为百农 207 对白粉病有比较稳定的抗性，这种比较稳定的抗性可能来自其亲本百农 64 高水平的抗病性。

袁平等于 2016 年秋播，在江苏省徐州市邳州市土山镇的孙庄村种植 15 个小麦品种，前茬机插粳稻，测试各小麦品种的丰产性、稳产性及抗逆性。其中，百农 207 表现为白粉病发生较轻，产量较高（表 6.25）[35]。

表 6.25　各小麦品种产量三要素理论产量及实收产量

小麦品种	产量三要素			理论产量/（kg/亩）	实收产量/（kg/亩）	产量位次
	有效穗数/（万穗/亩）	穗粒数/粒	千粒重/g			
淮麦 35	38.2	37.5	42.8	613.1	512.1	9
保麦 5 号	40.7	36.9	43.1	647.3	532.2	6
淮麦 33	38.3	37.2	39.4	561.4	470.2	13
徐麦 33	41.8	38.9	43.5	707.3	581.2	1
徐麦 35	42.1	39.2	41.9	691.5	567.8	2
烟农 999	38.5	35.8	43.6	600.9	500.8	10
鲁原 502	39.5	38.1	43.5	654.7	536.5	5
百农 207	**41.2**	**39.2**	**41.9**	**676.7**	**555.2**	**4**

（续）

小麦品种	产量三要素			理论产量/（kg/亩）	实收产量/（kg/亩）	产量位次
	有效穗数/（万穗/亩）	穗粒数/粒	千粒重/g			
开麦 18	37.6	36.9	41.3	573.0	462.3	15
周麦 27	39.4	34.7	41.3	564.6	468.2	14
洛麦 29	41.3	34.2	44.8	632.8	527.9	7
隆平 518	39.7	33.1	44.7	587.4	489.3	11
冠麦 1 号	37.3	34.4	45.5	583.8	486.4	12
连麦 7 号	40.6	38.5	41.3	645.6	558.8	3
周麦 30	37.2	37.6	45.1	630.8	526.2	8

百农 207 是当前河南省沿黄稻区主栽小麦品种。据新乡市原阳县种子管理站统计数据，原阳县稻茬麦面积为 40 万亩，小麦播种方式多为撒播，百农 207 表现出冬季抗冻、春季耐倒春寒、耐湿、白粉病轻、抗穗发芽、适应性强、高产稳产，种植面积逐年迅速扩大，占比在 90％以上。

3. 田间成株期中抗（MR）茎基腐病

陆宁海等通过室内盆栽接种试验和田间试验，对河南省 19 个小麦新品种抗茎基腐病性能进行了鉴定和评价[36]。结果表明，品种整体抗性较差，无免疫和高抗品种，但品种间存在明显的抗性差异。室内苗期抗病性鉴定结果：中抗（MR）品种只有 1 个，是华育 198，占总数的 5.0％；中感（MS）品种有 3 个，占总数的 15.0％，为开麦 18、百农 207、平安 8 号；高感（HS）品种有 16 个，占总数的 80.0％，为偃展 4110、洛麦 24、许科 718、豫农 416、怀川 916、豫教 5 号、兰考 198、花培 8 号、漯麦 18、先麦 10 号、中育 9398、焦麦 266、新麦 26、中麦 78、良星 66、周麦 18（表 6.26）。田间成株期抗病性鉴定结果：中抗（MR）品种有 5 个，占总数的 25.0％，为华育 198、开麦 18、百农 207、平安 8 号、偃展 4110；中感（MS）品种有 4 个，占总数的 20.0％，为洛麦 24、许科 718、豫农 416、怀川 916；高感（HS）品种有 11 个，占总数的 55.0％，为豫教 5 号、兰考 198、花培 8 号、漯麦 18、先麦 10 号、中育 9398、焦麦 266、新麦 26、中麦 78、良星 66、周麦 18（表 6.27）。

表 6.26 不同小麦品种在室内苗期对茎基腐病的抗性表现

小麦品种	病情指数	相对抗病性	抗性评价
华育 198	25.6	0.66	MR
开麦 18	30.2	0.59	MS
百农 207	**35.0**	**0.53**	**MS**
平安 8 号	40.5	0.46	MS
偃展 4110	50.2	0.33	HS
洛麦 24	58.2	0.22	HS
许科 718	59.2	0.21	HS
豫农 416	58.0	0.22	HS
怀川 916	59.3	0.20	HS
豫教 5 号	60.1	0.19	HS
兰考 198	61.8	0.17	HS
花培 8 号	62.3	0.16	HS
漯麦 18	62.6	0.16	HS
先麦 10 号	63.1	0.15	HS
中育 9398	64.5	0.13	HS
焦麦 266	64.8	0.13	HS
新麦 26	65.0	0.13	HS
中麦 78	68.5	0.08	HS
良星 66	70.5	0.05	HS
周麦 18	74.5	0.00	HS

表 6.27 不同小麦品种在田间成株期对茎基腐病的抗性表现

小麦品种	病情指数	相对抗病性	抗性评价
华育 198	15.2	0.76	MR
开麦 18	18.3	0.71	MR
百农 207	**20.5**	**0.67**	**MR**
平安 8 号	23.6	0.62	MR
偃展 4110	24.8	0.60	MR
洛麦 24	28.6	0.54	MS
许科 718	32.4	0.48	MS

（续）

小麦品种	病情指数	相对抗病性	抗性评价
豫农 416	38.7	0.38	MS
怀川 916	36.8	0.41	MS
豫教 5 号	40.5	0.35	HS
兰考 198	45.2	0.28	HS
花培 8 号	48.3	0.23	HS
漯麦 18	44.6	0.29	HS
先麦 10 号	50.8	0.19	HS
中育 9398	47.5	0.24	HS
焦麦 266	51.3	0.18	HS
新麦 26	49.5	0.21	HS
中麦 78	52.3	0.16	HS
良星 66	50.1	0.20	HS
周麦 18	62.4	0.00	HS

4. 土传花叶病毒病轻

百农 207 这一小麦品种从 2017 年开始，已在邓州市种植 2 年。2019 年小麦起身拔节期调查发现，在小麦土传花叶病毒病流行年份，种植百农 207 的麦田无一块感病。

（三）广适

百农 207 综合抗逆性强、抗病性好，除在苏北、皖北、陕西关中地区等审定区域内大面积推广外，河南全省种植区域覆盖全部 18 个地级市和 10 个省直管县，在数百个小麦品种中覆盖面最广（表 6.28）。

表 6.28　2017—2018 年河南省小麦品种利用情况统计表（节录）

单位：万亩

地级市/省直管县	百农 207	中麦 895	西农 979	郑麦 379	郑麦 583	郑麦 7698	新麦 26	百农 4199	周麦 27	郑麦 101	百农 AK58
郑州	23.0	8.9	—	25.6	32.0	4.5	—	—	3.2	—	14.0
开封	64.0	60.0	31.0	40.5	23.5	11.5	12.0	41.0	16.5	—	10.5
洛阳	34.6	27.3	11.8	10.3	6.7	11.5	—	4.2	12.1	—	6.8

（续）

地级市/省直管县	百农207	中麦895	西农979	郑麦379	郑麦583	郑麦7698	新麦26	百农4199	周麦27	郑麦101	百农AK58
平顶山	31.0	23.0	8.3	23.5	10.0	—	—	3.0	4.0	4.5	3.6
安阳	50.1	20.0	—	18.6	18.0	—	20.7	4.6	9.0	—	15.9
鹤壁	30.0	10.0	—	—	3.0	2.0	14.0	—	1.0	—	17.0
濮阳	87.3	35.0	—	48.6	25.0	6.5	25.0	5.0	9.5	—	17.9
新乡	158.0	40.4	23.6	50.5	9.5	3.0	71.8	20.7	3.6	—	67.9
焦作	58.0	25.0	—	38.6	16.1	—	19.0	7.2	—	—	3.5
三门峡	6.3	—	—	—	—	—	—	4.0	2.0	—	9.0
许昌	83.0	18.0	28.0	25.0	16.5	6.5	12.0	7.5	11.5	—	23.0
漯河	36.0	15.0	9.0	17.5	12.5	6.0	15.2	6.1	6.0	9.0	11.5
商丘	190.0	168.0	42.0	49.0	50.0	84.0	40.0	70.0	3.0	—	—
周口	250.6	138.0	41.0	81.0	71.4	10.6	52.0	4.0	160.5	4.0	10.0
驻马店	180.8	101.5	192.2	32.6	32.1	71.6	23.0	8.4	29.8	88.6	11.9
南阳	171.0	78.0	170.0	50.0	56.0	154.0	—	101.0	—	102.0	
信阳	16.5	—	111.1	3.2	17.0	—	—	—	—	20.6	4.0
济源	8.5	5.0	—	—	2.0	—	2.0	1.5	0.5	—	3.0
巩义	12.0	1.0	—	8.0	1.0	0.5	0.5	—	0.5	—	—
兰考	20.0	6.0	—	10.0	—	—	2.0	—	6.0	—	—
永城	70.0	15.0	—	25.0	—	20.0	16.0	2.0	5.0	—	5.0
长垣	39.5	2.0	—	7.0	—	—	8.0	3.2		—	8.0
汝州	19.0	—	—	6.0	—	—	3.0	—	3.0	—	—
邓州	30.0	—	3.0	—	—	—	—	—	—	30.0	—
新蔡	50.0	20.0	5.0	30.0	—	—	—	—		—	—
滑县	80.0	5.0	—	5.0	—	—	6.0	10.0	—	—	15.0
鹿邑	40.0	10.0	—	—	10.0	—	—	—	16.0	—	4.0
固始	8.9	—	—	4.8	—	—	—	—	—	4.1	—
合计	1 848.1	832.1	676.0	610.3	412.3	392.2	342.2	303.4	302.7	262.8	261.5

（四）高产

1. 区试产量

2010—2011 年度，百农 207 参加国家黄淮南片冬水 A 组区域试验，20 点汇总，平均亩产量为 584.1 kg，比对照品种周麦 18 增产 3.85%，极显著，增产点率为 75%，居 13 个参试品种的第 3 位。

2011—2012 年度，百农 207 参加国家黄淮南片冬水 B 组区域试验，17 点汇总，平均亩产量为 510.3 kg，比对照品种周麦 18 增产 5.28%，极显著，增产点率为 100%，居 14 个参试品种的第 3 位。

2010—2011 年度和 2011—2012 年度，两年区试平均亩产量为 547.2 kg，比对照品种周麦 18 增产 4.57%，增产点率为 87.5%。

2012—2013 年度，百农 207 参加国家黄淮南片冬水组生产试验，平均亩产 502.8 kg，比对照品种周麦 18 增产 7%，增产点率为 100%，居冬水 A 组生产试验第 2 位。

百农 207 参加试验名次见表 6.29。

表 6.29　百农 207 参加试验名次

年度	试验组别	名次
2008—2009	河南省冬水组预备试验	2
2009—2010	国家黄淮南片冬水组预备试验	3
2010—2011	国家黄淮南片冬水组区域试验	3
2011—2012	国家黄淮南片冬水组区域试验	3
2012—2013	国家黄淮南片冬水组生产试验	2

2. 河南省主导小麦品种产量比较

周继泽等为明确河南省主推小麦品种的适宜播量，以周麦 22、西农 979、郑麦 7698、百农 AK58、百农 207 这 5 大主导小麦品种为材料，进行了 3 年的多点试验，研究了不同播量对产量及产量构成因素的影响[37]。

结果表明，随着播量的增加，产量呈上升趋势，当播量增加到 187.50 kg/hm² 时，产量达到高峰，而继续增加播量则产量呈下降趋势；产量构成因素方面，单位面积有效穗数随着播量的逐渐增加而呈现上升趋势，穗粒数和千粒重则呈现下降趋势。试验结果显示，在适宜播量范围内，5 个品种的产量排名从大到小依次为百农 207、周麦 22、郑麦 7698、百农 AK 58、西农 979。

3. 各地示范产量

（1）河南省南阳市示范产量

杨志辉在南阳盆中平原小麦高产区选取了 4 个有代表性的县（区）作为试验点，试验地均为高产创建田，地势平坦，地力均匀，农田水利基础设施完备配套，沟、路、渠、井皆备，排灌方便[38]。

参试小麦品种 12 个，设置试验点 4 个，均采用相同的高产集成栽培技术。结果表明，百农 207 平均产量位列第一，产量三要素协调，符合超高产技术指标要求，达到了超高产的水平（表 6.30）。

表 6.30　参试品种田间调查记载和产量结果表

小麦品种	试验县（区）	全生育期/天	基本苗/（万株/hm²）	株高/cm	产量三要素			产量/（kg/hm²）	平均产量位次
					有效穗数/（万穗/hm²）	穗粒数/粒	千粒重/g		
郑麦 7698	宛城	220.0	279.0	77.8	652.5	38.6	46.0	9 571.5	3
	唐河	219.0	303.0	76.8	645.0	37.8	46.3	9 625.5	
郑麦 7698	方城	219.0	292.5	75.6	663.0	38.9	45.7	9 804.0	3
	新野	221.0	223.5	79.0	648.0	38.0	48.0	10 024.5	
	平均	219.8	274.5	77.3	652.1	38.3	46.5	9 756.4	
兰考 198	宛城	217.0	294.0	74.0	658.5	39.2	44.3	9 811.5	2
	唐河	216.0	289.5	72.0	636.0	39.2	45.4	9 621.0	
	方城	217.0	277.5	75.5	667.5	38.2	45.0	9 763.5	
	新野	216.0	231.0	75.0	606.0	41.7	45.8	9 882.0	
	平均	216.5	273.0	74.1	642.0	39.6	45.1	9 769.5	
百农 AK58	宛城	224.0	252.0	73.1	621.0	35.9	43.2	8 052.0	11
	唐河	223.0	268.5	71.2	604.5	36.6	42.0	7 908.0	
	方城	223.0	274.5	69.7	633.0	36.3	42.8	8 275.0	
	新野	225.0	240.0	74.3	595.5	36.0	43.9	7 849.5	
	平均	223.8	258.8	72.1	613.5	36.2	43.0	8 021.1	
濮麦 9 号	宛城	219.0	244.5	79.8	630.0	35.5	43.1	8 223.0	8
	唐河	218.0	268.5	77.4	609.0	36.9	44.2	8 452.5	
	方城	218.0	274.5	76.3	625.5	37.8	41.5	8 341.5	
	新野	219.0	238.5	80.2	603.0	36.0	43.7	8 122.5	
	平均	218.5	256.5	78.4	616.9	36.6	43.1	8 284.9	

（续）

小麦品种	试验县（区）	全生育期/天	基本苗/（万株/hm²）	株高/cm	产量三要素			产量/（kg/hm²）	平均产量位次
					有效穗数/（万穗/hm²）	穗粒数/粒	千粒重/g		
衡观35	宛城	220.0	280.5	79.3	645.0	36.9	42.4	8 554.5	
	唐河	222.0	273.0	78.0	646.5	37.5	44.0	9 067.5	
	方城	220.0	262.2	79.9	639.0	36.7	41.0	8 506.5	7
	新野	221.0	259.5	79.0	586.5	35.9	45.6	8 374.5	
	平均	220.8	268.8	79.1	629.3	36.8	43.3	8 625.8	
许科316	宛城	222.0	306.0	81.3	667.5	38.4	44.2	9 423.0	
	唐河	223.0	291.0	79.3	649.5	38.8	45.6	9 768.0	
	方城	223.0	283.5	80.3	640.5	39.4	45.4	9 726.0	4
	新野	221.0	270.0	86.0	591.5	40.3	46.0	9 387.0	
	平均	222.3	287.6	81.7	637.3	39.2	45.3	9 576.0	
百农207	宛城	224.0	288.0	80.8	664.5	40.1	43.4	9 852.0	
	唐河	226.0	262.5	79.0	684.0	38.4	43.5	9 711.0	
	方城	226.0	262.5	82.8	673.5	39.2	44.3	9 928.0	1
	新野	225.0	301.5	78.0	636.0	40.5	46.0	9 771.0	
	平均	225.3	278.6	80.2	664.5	39.6	44.3	9 815.5	
先麦10	宛城	216.0	252.0	78.7	576.8	35.6	42.9	7 539.0	
	唐河	216.0	258.0	77.6	540.0	37.2	43.8	7 479.0	
	方城	218.0	304.5	79.1	598.5	33.4	43.1	7 360.5	12
	新野	217.0	199.5	78.0	591.0	36.8	44.0	7 831.0	
	平均	216.8	253.5	78.4	576.8	35.8	43.5	7 552.5	
平安8号	宛城	224.0	312.0	85.7	637.5	38.3	45.2	9 264.0	
	唐河	224.0	273.0	87.0	646.5	37.5	44.0	9 259.0	
	方城	224.0	282.0	82.1	621.0	38.0	45.6	9 163.5	5
	新野	223.0	232.5	85.0	577.5	36.8	46.3	9 073.5	
	平均	223.8	274.9	85.0	620.6	37.7	45.3	9 190.0	
中洛1号	宛城	219.0	297.0	77.9	627.0	36.4	41.9	8 202.0	
	唐河	219.0	288.0	77.2	621.0	37.7	42.1	8 377.5	
	方城	220.0	259.5	80.2	595.5	36.5	43.3	8 418.0	9
	新野	220.0	222.0	71.0	609.0	37.0	42.6	8 104.5	
	平均	219.5	266.6	76.6	613.1	36.9	42.5	8 275.5	

（续）

小麦品种	试验县（区）	全生育期/天	基本苗/（万株/hm²）	株高/cm	产量三要素			产量/（kg/hm²）	平均产量位次
					有效穗数/（万穗/hm²）	穗粒数/粒	千粒重/g		
洛麦26	宛城	225.0	291.0	78.0	640.5	35.6	42.9	8 911.5	
	唐河	224.0	264.0	75.7	613.5	39.1	43.0	8 845.5	
	方城	225.0	277.5	72.5	640.5	38.9	43.2	9 166.5	6
	新野	226.0	304.5	77.0	666.0	38.0	41.4	9 112.5	
	平均	225.0	284.3	75.8	640.1	37.9	42.6	9 009.0	
漯麦18	宛城	220.0	282.0	76.1	660.0	33.5	41.6	7 953.0	
	唐河	219.0	259.5	79.3	607.5	34.3	42.9	7 902.0	
	方城	218.0	273.0	75.6	640.5	33.9	44.5	8 199.0	10
	新野	219.0	207.0	80.0	646.5	32.7	45.1	8 143.5	
	平均	219.0	255.4	77.8	638.6	33.6	43.5	8 049.4	

（2）河南省洛阳市示范产量

刘武涛等报道，在洛阳市 2014、2015、2016 连续三年的小麦新品种比较试验中，选用生产上表现优秀和审定中表现突出的品种，共 36 个（不含对照品种），弱春性品种以偃展 4110 为对照品种，半冬性品种以周麦 18 为对照品种，百农 207 的高产稳产性居第一位（表 6.31、表 6.32）[39]。

表 6.31　展示品种产量三要素及产量结果表

小麦品种	产量三要素			实收折产/（kg/hm²）	比周麦 18 产量增减/%	比偃展 4110 产量增减/%	比平均产量增减/%
	有效穗数/（万穗/hm²）	穗粒数/粒	千粒重/g				
百农 207	605.25	34.50	48.93	8 102	+12.40	+13.63	+9.84
周麦 27	627.45	34.70	45.18	8 073	+12.00	+13.23	+9.45
周麦 22	584.65	35.10	44.00	7 885	+9.39	+10.59	+6.90
周麦 28	603.55	35.00	45.99	7 813	+8.39	+9.58	+5.92
中育 9302	594.15	33.90	46.61	7 812	+8.38	+9.57	+5.91
兰考 198	571.65	36.20	44.11	7 741	+7.39	+8.57	+4.95
周麦 30	663.30	32.90	45.01	7 717	+7.06	+8.23	+4.62
良星 66	642.15	35.70	41.91	7 670	+6.41	+7.57	+3.99

（续）

小麦品种	产量三要素			实收折产/（kg/hm²）	比周麦18产量增减/%	比偃展4110产量增减/%	比平均产量增减/%
	有效穗数/（万穗/hm²）	穗粒数/粒	千粒重/g				
洛麦 26	612.00	30.60	45.93	7 636	+5.94	+7.10	+3.52
新麦 30	623.95	34.80	42.86	7 607	+5.54	+6.69	+3.13
郑麦 379	608.70	31.10	46.50	7 593	+5.34	+6.49	+2.94
新麦 29	627.00	33.60	49.10	7 592	+5.33	+6.48	+2.93
豫教 5 号	571.50	31.50	46.60	7 478	+3.75	+4.88	+1.38
洛麦 29	602.40	30.30	43.12	7 433	+3.12	+4.25	+0.77
丰德存麦 5 号	623.25	31.80	43.71	7 426	+3.02	+4.15	+0.68
豫农 416	578.25	31.20	46.61	7 398	+2.64	+3.76	+0.30
漯麦 18	587.70	33.80	47.13	7 361	+2.12	+3.24	−0.20
冠麦 1 号	564.90	32.30	45.84	7 336	+1.78	+2.89	−0.54
俊达 104	572.25	31.20	47.50	7 328	+1.66	+2.78	−0.65
中麦 895	610.50	31.30	47.70	7 292	+1.16	+2.27	−1.14
秋乐 2122	586.05	35.30	42.12	7 292	+1.17	+2.27	−1.14
温麦 28	567.00	32.90	45.25	7 275	+0.93	+2.03	−1.37
中育 9307	601.50	32.40	48.41	7 254	+0.64	+1.74	−1.65
偃高 21	584.10	32.60	44.12	7 208	0	+1.09	−2.28
周麦 18（CK）	624.00	31.50	44.57	7 208	0	+1.09	−2.28
山农 20	627.75	33.90	43.40	7 202	−0.08	+1.01	−2.36
洛麦 24	585.90	31.10	41.95	7 199	−0.12	+0.97	−2.40
周麦 32	627.75	32.80	45.99	7 186	−0.31	+0.79	−2.58
平安 8 号	588.30	31.20	44.85	7 184	−0.33	+0.76	−2.60
存麦 8 号	595.65	31.60	46.62	7 171	−0.51	+0.58	−2.78
偃展 4110（CK）	587.70	31.90	45.16	7 130	−1.08	0	−3.34
洛麦 28	571.50	30.10	49.10	7 065	−1.98	−0.91	−4.22
许科 168	583.60	32.10	46.78	7 063	−2.01	−0.94	−4.24
开麦 21	586.50	35.60	44.51	7 062	−2.03	−0.95	−4.26
先麦 12	578.70	32.10	44.50	6 914	−4.08	−3.03	−6.26

（续）

小麦品种	产量三要素			实收折产/ (kg/hm²)	比周麦18 产量增减/%	比偃展4110 产量增减/%	比平均产量 增减/%
	有效穗数/ (万穗/hm²)	穗粒数/ 粒	千粒重/ g				
西农979	629.70	32.00	41.83	6 887	−4.45	−3.41	−6.63
焦麦266	574.50	32.10	43.66	6 875	−4.62	−3.58	−6.79
豫麦158	568.50	32.20	46.06	6 826	−5.30	−4.26	−7.46
2016年平均	598.51	32.76	45.35	7 376	+2.40	+3.55	0

表6.32 2014—2016年连续参加展示品种的高产稳产性分析表

小麦品种	2014年产量/ (kg/hm²)	2015年产量/ (kg/hm²)	2016年产量/ (kg/hm²)	平均产量/ (kg/hm²)	标准差/ (kg/hm²)	高稳系数
百农207	**8 404.20**	**9 154.65**	**8 102.25**	**8 553.70**	**541.95**	**5.66**
周麦22	9 184.65	9 054.60	7 884.90	8 708.05	715.80	5.89
兰考198	7 914.00	8 914.50	7 740.90	8 189.80	633.60	11.02
豫农416	7 813.95	7 714.35	7 397.70	7 642.00	217.35	12.57
豫教5号	7 903.95	8 884.50	7 477.50	8 088.65	721.50	13.25
平安8号	7 603.80	7 803.90	7 183.50	7 530.40	316.65	15.06
漯麦18	7 703.85	8 914.50	7 360.80	7 993.05	816.30	15.49
偃展4110（CK）	7 803.90	8 424.15	7 129.95	7 786.00	647.25	15.94
周麦27	7 903.95	6 943.50	8 072.85	7 640.10	609.15	17.21
周麦32	8 044.05	7 223.55	7 185.75	7 484.45	484.95	17.58
开麦21	7 503.75	8 584.35	7 062.00	7 716.70	783.15	18.36
焦麦266	7 683.90	7 203.60	6 874.50	7 254.00	407.10	19.38
周麦18（CK）	7 884.00	6 813.60	7 207.50	7 301.70	541.35	20.40
洛麦24	7 173.60	6 553.35	7 198.95	6 975.30	365.70	22.17
参试品种平均	7 892.25	8 005.80	7 376.10	7 720.50	335.55	13.04

注：高稳系数＝［1－(X_i−S_i)/1.1$X_{对照}$］×100%，X_i为第i个品种的平均产量，S_i为第i个品种的标准差，$X_{对照}$为对照品种的平均产量。

（3）河南省商丘市宁陵县示范产量

吕厚军报道，2013—2015 年河南省商丘市宁陵县对百农 207 进行了试验示范和推广应用，一般亩产量在 550～600 kg，单位面积产量比本地当时的当家品种增产 8%～10%[40]。具体表现如下：

①小区试验情况。2013—2014 年，在宁陵县阳驿乡闫屯村、宁陵县张弓镇乔楼村参加小麦新品种（系）小区对比试验，2 年平均亩产量：闫屯村试验点 582 kg，乔楼村试验点 557.9 kg，分别比当地种植面积最大的对照品种百农 AK58 增产 9.6% 和 8.0%。在 2013 年特大旱情、孕穗期晚霜冻害、后期高温天气，以及 2014 年纹枯病、白粉病偏重发生的条件下，百农 207 表现出高产、稳产、抗灾能力强的优良特性。

②高产示范情况。2014 年在宁陵县的黄岗镇、阳驿乡、华堡镇这 3 个万亩示范方内集中连片种植百农 207，总示范面积为 3 322 亩。经商丘市农业局组织的多部门专家联合测产，黄岗镇魏营村示范 1 300 亩，平均亩产量为 620.0 kg；阳驿乡闫屯村示范 1 000 亩，平均亩产量为 604.3 kg；华堡镇马桥村示范 1 022 亩，平均亩产量为 627.7 kg，其中百亩攻关田平均亩产量为 657.5 kg。

③大田推广情况。2015 年，宁陵县百农 207 推广面积为 7.6 万亩，有效穗数为 45.7 万穗/亩，穗粒数为 35.5 粒，千粒重为 42.8 g，平均亩产量为 590.2 kg，比宁陵县当年小麦亩增产 50.3 kg，增幅为 9.3%。2015 年，在前期气温异常偏高、中期光照异常偏少，后期叶枯病、叶锈病、穗蚜严重发生的条件下，百农 207 仍然表现出非常显著的增产特点。

2015 年秋播，百农 207 在宁陵县的推广面积达到 20.8 万亩，占当年小麦播种面积的 29.5%，成为宁陵县第一大小麦品种。

（4）江苏省徐州市邳州市示范产量

陈玉花等报道，2013—2014 年度，江苏省徐州市邳州市土山镇稻麦科技综合示范基地进行了小麦新品种引进试验示范，并对其丰产性、稳产性、抗逆性和适应性进行了考察，总结出其生长规律和配套的高产栽培技术，为邳州市小麦新品种推广应用提供了科学依据。百农 207 有效穗数为 41.6 万穗/亩，穗粒数为 33.1 粒，千粒重为 45.8 g，亩产量为 622 kg，居 12 个供试小麦品种的第一位（表 6.33）[41]。

表 6.33　各小麦品种产量三要素、实收产量及较对照品种产量增减

小麦品种	产量三要素			实收产量/（kg/亩）	较对照品种产量增减/%	产量名次
	有效穗数/（万穗/亩）	穗粒数/粒	千粒重/g			
徐麦 33	47.3	27.1	48.5	609	+8.9	3
淮麦 33	41.9	36.3	41.2	613	+9.7	2
徐麦 30	43.2	31.9	44.2	601	+7.5	6
徐麦 32	46.2	29.4	42.6	561	+0.4	8
保麦 2 号	43.8	31.4	42.8	582	+4.1	7
济麦 22	41.8	32.3	45.9	609	+8.9	3
徐麦 31	33.1	37.3	46.0	553	−1.1	11
百农 207	**41.6**	**33.1**	**45.8**	**622**	**+11.3**	**1**
百农 AK58	42.9	28.9	45.6	552	−1.3	12
烟农 19（CK）	39.8	33.2	43.3	559	0.0	10
烟农 5158	51.4	24.7	45.5	560	+0.2	9
洛麦 23	48.7	27.8	45.2	608	+8.8	5

（5）江苏省徐州市示范产量

李文红等报道，2013—2014 年，研究人员在徐州生物工程职业技术学院试验田进行了以晚熟品种徐麦 856、中晚熟品种百农 207、中熟品种百农 AK58 为材料，设置精量早播（9 月 28 日播种，基本苗 180 万株/hm²）、半精量适播（10 月 8 日播种，基本苗 240 万株/hm²）2 种栽培方式的试验，研究了不同播种方式对小麦干物质积累和产量的影响[42]。

结果表明，对于晚熟品种徐麦 856 来说，精量早播的产量比半精量适播的产量高 5.76%，差异呈显著水平；而对于中晚熟品种百农 207、中熟品种百农 AK58 则表现为半精量适播的产量显著高于精量早播，与精量早播相比，百农 207、百农 AK58 半精量适播的产量分别提高了 6.24%、9.27%。在同一播种方式下，采用精量早播，徐麦 856 的穗数、成穗率、营养物质转移率最高，较百农 AK58 增产达显著水平，提高了 15.56%；采用半精量适播，百农 207 开花期叶面积指数、总结实粒数最高，产量分别比百农 AK58、徐麦 856 提高了 12.25%、12.26%。百农 AK58 尽管花后干物质积累量和开花期粒质量叶面积比都较高，但植株较为矮小，总生物学产量低，限制了其经济产量的提高。百农 207 适宜大面积推广，徐麦 856 采用精量早播可获得高产（表 6.34）。

表 6.34　各小麦品种在不同播种方式下的产量三要素及实际产量

小麦品种	处理	产量三要素			实际产量/ （kg/hm²）
		有效穗数/（万穗/hm²）	穗粒数/粒	千粒重/g	
徐麦 856	精量早播	640.67	35.20	40.66	7 609.15
	半精量适播	619.00	35.00	37.75	7 194.74
百农 207	**精量早播**	**543.33**	**39.37**	**40.39**	**7 602.39**
	半精量适播	**555.67**	**42.90**	**42.37**	**8 077.06**
百农 AK58	精量早播	592.33	31.87	40.73	6 584.88
	半精量适播	551.67	34.53	40.45	7 195.39

（6）安徽省亳州市蒙城县示范产量

王林为了筛选适合黄淮麦区栽培的高产优质小麦新品种，于 2017—2018 年度在安徽省亳州市蒙城县农业科技示范场进行了冬小麦品种节肥试验。试验地土壤养分测定结果：pH 5.85、有机质 24.2 g/kg、速效磷 18.2 mg/kg、速效钾 170 mg/kg、碱解氮 116.59 mg/kg。供试小麦品种 3 个，分别为烟农 19（对照品种）、涡麦 66、百农 207。试验共设 4 个处理，分别为节氮 20％处理（A）、节磷 20％处理（B）、节钾 20％处理（C）、正常施肥模式（CK）。3 次重复，随机区组设计，小区面积 30 m²。不同处理在同一块试验地种植，节肥试验除全生育期施肥量减少 20％外，播期、播量和其他管理措施与 CK 相同。结果表明，在高肥力田块种植冬小麦，百农 207、涡麦 66 产量水平较高，同时通过合理肥料减施仍可以获得较高产量，可以推广应用（表 6.35、表 6.36）[43]。

表 6.35　各小麦品种在不同处理下的生育动态

小麦品种	处理	基本苗/（万株/hm²）	最高茎蘖数/（万/hm²）	有效穗数/（万穗/hm²）	成穗率/％
烟农 19	A	217.5	1 108.5	508.5	45.9
	B	169.5	1 051.5	499.5	47.5

（续）

小麦品种	处理	基本苗/ （万株/hm²）	最高茎蘖数/ （万/hm²）	有效穗数/ （万穗/hm²）	成穗率/ %
烟农 19	C	186.0	1 069.5	472.5	44.2
	CK	214.5	1 074.0	463.5	43.2
涡麦 66	A	190.5	883.5	448.5	50.8
	B	190.5	1 042.5	484.5	46.5
	C	175.5	832.5	451.5	54.2
	CK	196.5	1 020.0	451.5	44.3
百农 207	**A**	**214.5**	**948.0**	**469.5**	**49.5**
	B	**204.0**	**883.5**	**456.0**	**51.6**
	C	**214.5**	**1 048.5**	**477.0**	**45.5**
	CK	**184.5**	**918.0**	**480.0**	**52.3**

表 6.36　各品种不同处理产量

小麦品种	处理	小区产量/kg				折合产量/ （kg/hm²）	产量 位次
		Ⅰ	Ⅱ	Ⅲ	平均		
烟农 19	A	16.985	16.980	16.930	16.97	5 656.6	11
	B	17.100	17.100	17.200	17.13	5 709.9	10
	C	17.590	17.125	17.230	17.32	5 773.3	9
	CK	16.795	17.025	16.275	16.70	5 566.6	12
涡麦 66	A	17.880	17.485	18.055	17.81	5 936.6	5
	B	18.120	18.140	18.100	18.12	6 039.9	4
	C	17.180	17.505	17.565	17.42	5 806.6	8
	CK	17.415	17.465	18.165	17.68	5 893.3	6
百农 207	**A**	**18.525**	**19.030**	**18.755**	**18.77**	**6 256.6**	**1**
	B	**17.760**	**17.000**	**17.780**	**17.51**	**5 836.6**	**7**
	C	**18.215**	**18.155**	**18.375**	**18.25**	**6 083.3**	**3**
	CK	**18.380**	**18.800**	**18.375**	**18.52**	**6 173.3**	**2**

4. 专家测产

（1）陕西省多地专家测产情况

小麦品种百农 207 自 2014 年在陕西省大面积推广以来，先后经历了冬季低温、春季倒春寒、赤霉病、锈病等不良气候及病害的考验，创下了一个又一个高产纪录，尤其在 2017 年关中灌区的小麦出现大面积倒伏和穗发芽的情况下，小麦品种百农 207 凭借耐阴、抗倒、未发生大面积倒伏和穗发芽，亩产量比其他品种增产 100 kg 左右，同时涌现出一批大面积高产典型，彰显出一个主推大品种的本色。

据农业有关部门权威统计资料，从 2014 年开始，小麦品种百农 207 先后参加了省、市、县种子管理部门组织的小麦展示 10 次，产量排序方面取得了 8 个第一、2 个第二的好成绩。

2014 年，陕西省农业厅组织有关专家对咸阳市泾阳县 100 亩高产创建田种植的百农 207 进行实打验收，平均亩产量为 668.26 kg，其中 2.55 亩的亩产量为 726.54 kg，创造了两项陕西省小麦高产纪录，《陕西日报》《农业科技报》均对此予以报道。凤翔县农业技术推广站 100 亩高产创建田，经宝鸡市农业部门组织的实打验收，平均亩产量达到 577.6 kg，其中最高亩产量达 618 kg。咸阳市兴平市高产创建田 158 亩，经实打验收，平均亩产量达到 664 kg。咸阳市泾阳县种粮大户刘武种植的 414 亩百农 207，实现了平均亩产量 650 kg，其中 50 亩高产示范田实打 36 930 kg，平均亩产量为 738.6 kg。近年来，在陕西省阴雨、倒伏、穗发芽严重的情况下，百农 207 表现出了很强的耐阴、抗倒、抗穗发芽特性。

渭南市富平县种植 100 亩百农 207，平均亩产量为 640 kg；咸阳市泾阳县安吴镇的农场种植 300 亩百农 207，平均亩产量为 590 kg；宝鸡市岐山县种植 180 亩百农 207，最高亩产量为 660 kg，最低为 550 kg。由咸阳市兴平市农业技术推广中心和种子管理站安排的 2 300 亩高产创建田，平均亩产量超过 600 kg。

（2）河南省驻马店市专家测产情况

2014 年 6 月 6 日，河南省吨源种业有限公司邀请驻马店市农业技术推广站、种子管理站、植物保护植物检疫站等部门的农业专家在驿城区水屯镇九队的百农 207 示范田进行了现场实打验收，5 点取样，亩有效穗数为 40.1 万穗，穗粒数为 50.2 粒，千粒重为 45 g，每亩理论产量在 770.0 kg，实打小麦平均亩产量为 753.4 kg。

（3）安徽省亳州市蒙城县专家测产情况

2015 年 5 月 31 日，安徽省亳州市蒙城县农业委员会邀请安徽省种子管理总站、安徽农业大学、安徽省农业科学院的有关小麦专家，在蒙城县漆园街道前王村对小麦新品种百农 207 的大田长势进行了田间评估并对其产量进行了田间评估和测产验收，专家组随机抽测取好、中、差 3 块麦田，经加权平均，亩有效穗数为 51.5 万穗，穗粒数为 32.8 粒，千粒重为 46.0 g，理论亩产量为 777.03 kg，折 85% 后亩产量为 660.48 kg。

（4）河南省新乡市专家测产情况

2015 年 6 月 7 日，新乡市农业局组织有关专家对辉县市北云门镇中小营村 1 300 亩百农 207 小麦种植田进行了田间测产。多点取样测定结果，亩有效穗数为 46.15 万穗，穗粒数为 35.3 粒，千粒重为 46.8 g，按 85% 折合，亩产量为 648.05 kg。专家组认为，百农 207 在白粉病、叶锈病、纹枯病等病虫害严重发生的情况下，表现出抗病性强、产量三要素协调、高产稳产，是一个综合性状优良的小麦新品种。专家组建议加快百农 207 的示范推广，为小麦生产再上新台阶提供坚实的科技支撑。

5. 亩增产数量

在不同年份、不同地点，分别以当地主推品种为对照，百农 207 平均亩增产数量为 63.4 kg（表 6.37）。

表 6.37　多年、多地、大田条件下百农 207 平均亩增产数量

年份	地点	对照品种	亩增产数量/kg
2014	陕西省咸阳市泾阳县	西农 979	100.0
2015	河南省商丘市宁陵县	百农 AK58	50.3
2016	河南省洛阳市宜阳县	豫麦 49 - 198	51.5
2016	河南省南阳市的方城县、新野县	郑麦 9023	32.8
2017	河南省新乡市	百农 AK58	125.6
2018	安徽省亳州市蒙城县	烟农 19	20.0
平均			63.4

（五）优质

1. 国家冬小麦品种区域试验品质分析结果

2011 年、2012 年国家黄淮南片麦区域试验过程中抽混合样化验，百农 207 品质测定结果平均值：容重 810 g/L，蛋白质（干基）含量 14.52％，面粉湿面筋含量 34.1％，沉降值 36.1 mL，吸水率 58.1％，稳定时间 5 min，最大拉伸阻力 311 EU，拉伸面积 81 cm²，延伸性 186 mm，硬度指数 64。百农 207 的品质综合评分为 88.83 分，在参试品种中排名第一。

2. 河南省收获小麦质量品质报告

（1）2015 年河南省收获小麦质量品质报告（节录）

百农 207 属半冬性中晚熟品种，抗性好，产量高，适宜黄淮冬麦区南片的河南中、北部种植。本次测报样品来自开封、商丘、周口、新乡 4 个地级市，共 8 份。经检测，各项指标平均值：容重 816 g/L，千粒重 45.0 g，硬度指数 63，不完善粒 3.4％，降落数值 353s，粗蛋白质 14.5％，湿面筋 30.5％，面筋指数 76％，稳定时间 6.7 min，拉伸面积 60 cm²。该品种特点：籽粒硬度较大，容重、千粒重、粗蛋白质含量高，湿面筋含量较高，筋力中等偏强，但在开封地区较强。

（2）2016 年河南省收获小麦质量品质报告（节录）

本次测报样品来自安阳、鹤壁、焦作、开封、南阳、平顶山、濮阳、商丘、驻马店 9 个地级市，共 15 份。经检测，百农 207 各项指标平均值：容重 786 g/L，千粒重 46.7 g，硬度指数 63.7，不完善粒 6.4％，降落数值 365 s，粗蛋白质 12.1％，湿面筋 31.0％，面筋指数 74％，稳定时间 5.5 min，拉伸面积 57 cm²。该品种特点：籽粒硬度较大，容重、千粒重较高，粗蛋白质、湿面筋含量中等，筋力中等偏强。从去年秋播到今年夏收，我省小麦生产过程中经历了诸多自然灾害，百农 207 表现良好，展现出较强的抗灾能力。

（3）2017 年河南省收获小麦质量品质报告（节录）

百农 207 为半冬性中晚熟稳产优质中筋品种，根系活力强，耐穗发芽，今年在我省表现出较好的抗干热风能力。本次测报样品来自安阳、鹤壁、焦作、洛阳、南阳、平顶山、濮阳、商丘、新乡、郑州、周口、驻马店 12 个地级市，共 21 份，经检测，各项指标平均值：容重 788 g/L，千粒重 42.5 g，硬度指数 60.8，不完善粒 1.6％，降落数值 396 s，粗蛋白质 13.8％，湿面筋 29.1％，面筋指数 69％，稳定时间 7.7 min，拉伸面积 74 cm²。该品种特点：籽粒硬度较大，容重、千粒重较高，粗蛋白质、湿面筋含量中等偏上，筋力中等。

（4）2018 年河南省收获小麦质量品质报告（节录）

本次测报样品来自平顶山、鹤壁、郑州、南阳、驻马店、新乡、濮阳、商丘、安阳、周口 10 个地级市，共采集样品 15 份。经检测，百农 207 各项指标平均值：容重 779 g/L，硬度指数 57，不完善粒 7.8％，降落数值 274 s，粗蛋白质 15.9％，千粒重 42.5 g，湿面筋 32.2％，面筋指数 70％，稳定时间 5.5 min，拉伸面积 81 cm²。该品种特点：容重适中，粗蛋白质、湿面筋含量较高，筋力中等。

3. 加工品质优良

方丝云等研究人员通过分析市售专用面粉及陕西关中地区小麦面粉的品质性状和蒸煮性状，筛选出适合制作面条、饺子的小麦粉，研究结果表明，11 个小麦品种中满足行业面条用小麦粉标准的品种：百农 207（岐山）、西农 822、西农 979、周麦 27、西农 889、西农 9718、陕麦 139、百农 207（蒲城）；关中小麦中同时满足面条、饺子制作需求小麦粉的品种有百农 207（岐山）、西农 822、西农 979、周麦 27、西农 889、西农 9718、百农 207（蒲城）。

沈业松等研究人员利用多功能近红外分析仪检测了 296 份黄淮麦区小麦品种资源在江苏省淮北地区的品质，研究结果表明，百农 207 的容重为 810 g/L，蛋白质（干基）含量为 14.52％，湿面筋含量为 34.1％，都达到了强筋类型品种标准，只有稳定时间为 5.0 min，未达到强筋品种标准。

4. 重金属低积累

近年来，随着工业化、城镇化进程的快速推进，污染物大量排放和不当处置，部分不合格化学品农用等导致农田重金属累积和超标等环境问题日益凸显，已引起国内外的广泛关注。作为持久性潜在有毒污染物的重金属，一旦进入农田土壤，因不能被生物降解而长期存积，不仅对土壤微生物数量、种群结构、土壤酶活性产生负面影响，导致土壤肥力下降，而且干扰作物的正常新陈代谢，引起农作物产量、品质下降，且会经食物链在人体内累积而危害人体健康（表 6.38）。

表 6.38　不同小麦品种籽粒中的重金属含量

单位：mg/kg

小麦品种	Pb	As	Cr	Hg	Cd	Ni
徐麦 30	0.006±0.001f	0.042±0.006a	0.041±0.004c	0.005 6±0.000 3ab	0.019±0.003bcd	0.089±0.004a
徐麦 33	0.072±0.003b	0.033±0.002b	0.096±0.003a	0.005 7±0.000 2a	0.025±0.004a	0.028±0.002ef
百农 207	**0.018±0.002d**	**0.023±0.004d**	**0.026±0.002fg**	**0.005 1±0.000 3bcd**	**0.015±0.002de**	**0.018±0.001g**
新麦 288	0.072±0.002b	0.019±0.004e	0.038±0.004cd	0.004 2±0.000 3f	0.020±0.003bc	0.019±0.002g
淮麦 20	0.085±0.005a	0.029±0.005b	0.031±0.004ef	0.004 5±0.000 1ef	0.016±0.002cde	0.042±0.003c
豫农 035	0.000±0.000g	0.046±0.002a	0.029±0.004efg	0.004 1±0.000 4f	0.022±0.001ab	0.016±0.003g
百农 AK58	0.035±0.003e	0.031±0.004b	0.055±0.002b	0.004 7±0.000 2de	0.025±0.003a	0.032±0.002de
迁麦 1 号	0.033±0.004c	0.014±0.003e	0.056±0.003b	0.005 6±0.000 2ab	0.016±0.002cde	0.044±0.003c
荡高 6 号	0.012±0.001e	0.000±0.000f	0.037±0.002cd	0.004 9±0.000 3cde	0.012±0.003e	0.027±0.002f
保麦 2 号	0.003±0.000fg	0.031±0.003b	0.034±0.003de	0.005 4±0.000 3abc	0.013±0.001e	0.041±0.004c
保麦 5 号	0.000±0.000g	0.018±0.002e	0.024±0.004g	0.005 0±0.000 4cde	0.016±0.003cde	0.033±0.003d
烟农 19	0.006±0.001f	0.028±0.004c	0.031±0.003ef	0.005 3±0.000 2abc	0.012±0.002e	0.051±0.003b
标准值	0.2*	0.5*	1.0*	0.02*	0.1*	0.4**

注：* 表示源于食品安全国家标准《食品中污染物限量》（GB 2762—2012）；** 表示源于全国食品卫生标准分委会推荐标准；同列数据后不同小写字母表示品种间差异显著（P<0.05）。

强承魁等为了筛选出适合黄淮冬麦区种植的具有重金属低累积潜力且食用安全的小麦品种，在黄河故道丰县境内选取了代表性农田，采用田间小区试验，研究了 12 个小麦品种的籽粒对 Pb、As、Cr、Hg、Cd、Ni 富集的差异，并用目标危害系数（THQ）法对其食用后的潜在健康风险进行了评价。结果表明，试验区 144 个采样点表层土壤中 As、Cr、Cd、Ni 的平均含量较中国土壤元素背景值分别超标 0.14 倍、0.20 倍、1.32 倍、0.20 倍，Pb 和 Hg 均低于背景值，仅 Pb 未见超标点位，但所测 6 种重金属的含量均低于《土壤环境质量标准》中的Ⅱ级标准值和《绿色食品 产地环境质量》（NY/T 391—2021）规定的土壤中污染物含量限值。供试的 12 个小麦品种籽粒中的 6 种被测重金属含量均符合国家食品安全标准的限制值，但对 Pb、Ni、As、Cr 的吸收累积差异较 Cd、Hg 明显，以 Pb 最为明显[44]。

聚类分析可将 12 个小麦品种划分为较低累积类群（保麦 2 号、烟农 19、百农 207、保麦 5 号、荔高 6 号、迁麦 1 号）、中等累积类群（新麦 288、淮麦 20、百农 AK58、豫农 035）、高累积类群（徐麦 30、徐麦 33）。12 个小麦品种的籽粒对 6 种重金属的平均富集系数由大到小依次为 Hg、Cd、As、Pb、Ni、Cr，富集程度在不同品种间差异程度不同，其 THQ 值和总危害系数（TTHQ）值均小于 1.0，表明居民消费供试品种小麦籽粒无被测重金属引起的潜在健康风险。但徐麦 30、豫农 035、徐麦 33 籽粒中重金属的 TTHQ 值均在 0.9～1.0，对此应引起重视。

综合评价得出，保麦 2 号、百农 207、保麦 5 号、荔高 6 号、新麦 288 可作为重金属低累积小麦品种黄淮冬麦区种植。

5. HMW‑GS 组成

谢科军等报道，为了解小麦高分子量谷蛋白亚基（HMW‑GS）组成与品质之间的关系，对 177 份黄淮南片麦区小麦品种（系）的 HMW‑GS 组成及其品质进行了检测[45]。

结果表明，177 份材料在 *Glu-A1* 位点上有 3 种亚基类型（N、1、2*），在 *Glu-B1* 位点上有 5 种亚基类型（7＋8、7＋9、14＋15、17＋18、13＋16），在 *Glu-D1* 位点上有 3 种亚基类型（2＋12、5＋10、5＋12），1、14＋15、5＋10 亚基的出现频率分别为 73.45％、11.86％、48.02％。1、7＋8、17＋18、5＋10 亚基对蛋白质含量、湿面筋含量、峰值曲线面积、峰高、SDS 沉淀值、8 min 带高、8 min 曲线面积、形成时间、稳定时间都具有较大的正向效应。共检测到 19 种不同的亚基组合类型，其中 1/7＋8/5＋10 亚基组合类型的小麦品种（系）各项品质指标均较优，其次是 1/7＋8/2＋12 亚基组合的小麦品种（系），N/7＋9/2＋12 和 N/14＋15/5＋10 亚基组合类型小麦品种（系）的品质较差。百农 207 的亚基组合类型为 1/7＋9/5＋10，为品质优化奠定了较好的遗传基础（表 6.39）。

表 6.39　177 份小麦品种（系）的 HMW－GS 组成（节录）

编号	小麦品种（系）	亚基组合类型	编号	小麦品种（系）	亚基组合类型
47	众麦 1 号	1/7＋9/5＋10	**113**	**百农 207**	**1/7＋9/5＋10**
48	新麦 18	1/7＋9/5＋10	114	淮麦 0882	1/17＋18/2＋12
49	周麦 18	1/7＋9/2＋12	115	中麦 875	1/7＋9/2＋12
50	郑麦 004	N/7＋9/2＋12	116	秋乐 2122	1/7＋9/2＋12
51	良星 99	N/7＋8/5＋12	117	许科 415	1/7＋9/5＋10
52	郑麦 17	1/7＋9/2＋12	118	郑育麦 043	1/7＋9/2＋12
53	豫农 9901	1/7＋9/2＋12	119	郑麦 103	1/7＋9/2＋12
54	濮麦 9 号	N/14＋15/5＋10	120	中育 9302	1/7＋9/2＋12
55	开麦 18	1/14＋15/2＋12	121	平安 9 号	1/7＋8/5＋10
56	洛旱 3 号	1/7＋9/2＋12	122	中育 9307	N/7＋9/5＋10
57	郑麦 366	1/7＋8/5＋10	123	漯 6073	1/7＋9/5＋10
58	周麦 19	1/7＋9/5＋10	124	华育 198	N/7＋9/5＋10
59	泛麦 5 号	1/7＋8/5＋10	125	丰德存麦 5 号	1/7＋8/5＋10
60	百农 AK58	1/7＋8/5＋12	126	丰德存麦 8 号	1/7＋9/5＋10
61	小偃 81	1/14＋15/2＋12	127	博农 6 号	N/7＋8/5＋10
62	西农 979	1/7＋8/2＋12	128	未来 0818	N/7＋8/5＋10
63	豫农 949	1/7＋8/5＋12	129	许科 168	1/7＋8/5＋10
64	衡观 35	N/7＋9/2＋12	130	泰禾麦 1 号	1/7＋9/2＋12
65	新麦 19	1/7＋9/5＋10	131	偃麦 864	N/7＋8/2＋12
66	济麦 22	N/7＋8/5＋10	132	平安 11 号	N/14＋15/2＋12

6. 非 1BL/1RS 易位系

马红勃等利用已有的品质相关基因的分子标记（$Dx5$、Wx-$A1$、Wx-$B1$、Wx-$D1$、$1BL/1RS$、$PPO18$、$PPO29$）检测了 144 份黄淮麦区小麦品种

（系）、3 份国内其他麦区小麦品种（系）、8 份德国小麦品种（系）的基因等位变异类型。研究表明，小麦高分子量谷蛋白亚基（HMW-GS）组成、直链淀粉含量、1BL/1RS 小麦—黑麦易位、多酚氧化酶活性等性状与加工品质密切相关。HMW-GS 中的 5+10 亚基由 *Glu-D1* 位点编码，对制作面包最为有利；1BL/1RS 易位在抗逆、抗病、产量方面显示出优势的同时，也使面筋蛋白形成较少的网状结构，引起面团发黏，对面包烘烤品质有很强的负面影响（表 6.40)[46]。

表 6.40　供试小麦品种（系）品质基因的分子标记检测结果（节录）

编号	小麦品种（系）	*Dx5*	*Wx-A1*	*Wx-B1*	*Wx-C1*	*1BL/1RS*	*PPO-A1*	*PPO-D1*
54	农麦 1 号	−	+	+	+	−	+	−
55	豫麦 13	−	+	+	+	−	+	−
56	豫麦 29	−	+	+	+	−	+	+
57	豫麦 34	+	+	+	+	−	+	−
58	郑麦 366	+	+	−	+	−	−	+
59	郑麦 7698	+	+	+	+	+	−	+
60	郑麦 0856	−	+	+	+	+	+	−
61	郑麦 379	+	+	+	+	−	+	+
62	郑育麦 518	+	+	+	+	−	+	+
63	偃展 4110	−	+	+	+	+	+	+
64	内乡 188	+	+	+	+	−	+	+
65	开麦 18	−	+	+	+	−	+	+
66	天宁 2001	+	+	+	+	−	+	+
67	浚麦 99 - 7	−	+	+	+	−	+	+
68	花培 5 号	−	+	+	+	+	+	+
69	百农 64	−	+	+	+	−	+	+
70	**百农 207**	**−**	**+**	**+**	**+**	**−**	**+**	**+**
71	百农 AK58	−	+	+	+	+	+	+
72	新麦 9 号	−	+	+	+	−	+	+
75	新麦 26	+	+	+	+	−	−	+
78	周麦 16	−	+	+	+	+	+	+
84	周麦 22	−	+	+	+	−	−	+

由此可见,百农 207 属于非 1BL/1RS 易位系,且含 5＋10 优质蛋白亚基,具有良好的遗传基础,品质优良。另外,百农 207 籽粒饱满、光泽好、角质率高、黑胚率低、商品性好。

(六）减药减肥

河南省农业科学院主持了科学技术部国家重点研发计划项目"黄淮海冬小麦化肥农药减施技术集成研究与示范(2017YFD0201700)",河南科技学院资源与环境学院参与子课题"豫北冬小麦化肥农药减施技术集成研究与示范(2017YFD0201704)"。2017—2018 年度,河南科技学院资源与环境学院在新乡市新乡县七里营镇八柳树村的河南省校博种业有限公司试验基地,以小麦新品种百农 207 为供试材料,进行了多处理、多重复、大面积的减药减肥试验,使百农 207 实现了"农药减施 30％、化肥减施 17％、产量增幅 3％～5％的效果"。

(七）节本增效

自 2013 年以来,河南省焦作市武陟县第一原种场一直与河南科技学院小麦遗传改良研究中心合作生产百农 207 原原种种子。该场全部为沙土地,水肥条件一般,过去一直种植百农 AK58、温麦 6 号等小麦品种,平均亩产量为 400 kg。近几年种植新品种百农 207 后,产量明显提高,平均亩产量达 500 kg,每亩多收 100 kg 左右的种子。育种单位提供的百农 207 育种家种子纯度高,基本达到免去杂要求,每亩节约去杂成本 10 元。百农 207 综合抗病虫害能力强,特别是白粉病轻、蚜虫轻,除正常"一喷三防"外,基本不需要再施药,每亩节约农药成本 20 元。百农 207 耐旱性好,一季可以少浇一遍水,每亩节约浇水成本 15 元。百农 207 生长健壮,每亩复合肥施用量减少 5 kg,每亩节约肥料成本 15 元。

按每亩增收 240 元左右(100 kg×2.4 元/kg)、节约成本 60 元左右(去杂 10 元、农药 20 元、浇水 15 元、化肥 15 元)计算,该场百农 207 原原种生产,每亩节本增效为 300 元左右。

第七章
配套栽培技术

一、播前准备

（一）底墒

耕层（0～20 cm）土壤适宜含水量应为相对含水量的 70%～80%，低于相对含水量的 60% 时应先浇水造墒。

（二）秸秆还田

前茬作物收获后及早粉碎秸秆，将粉碎过的秸秆均匀撒于地表，耕翻入土，秸秆粉碎长度≤5 cm。

（三）底肥

依据当地测土配方施肥方案，使用配方肥料或相近配方的复合肥料。

一般情况下，亩产量在 500～600 kg：每亩底施氮肥（纯 N）8～10 kg，磷肥（P_2O_5）7～9 kg，钾肥（K_2O）3～5 kg；亩产量在 400～500 kg：每亩底施氮肥（纯 N）7～9 kg，磷肥（P_2O_5）6～8 kg，钾肥（K_2O）3～5 kg。锌肥参照当地测土指标，缺时使用，一般每亩施用 1.5～2 kg。底肥在犁地前撒施。

（四）整地

深耕麦田，机械耕地则耕深要超过 25 cm，耕翻后及时耙磨、镇压；深松麦田，机械深松要超过 30 cm，深松后及时旋耕镇压两遍。

（五）种子处理

根据当地病虫害发生情况，注意防治茎基腐病和纹枯病，并注意防治根腐病、全蚀病和地下虫害。长期自留种的山地丘陵地区，注意防治黑穗病。要采用经过登记并符合质量要求的小麦专用种子处理剂进行种子包衣或药剂拌种。采用拌种器械进行种子包衣，每 100 kg 种子加水 1.5～2 kg，拌匀后堆闷 2～3 h，并及时摊开晾干待播。

1. 防治茎基腐病、纹枯病、根腐病

用 3％苯醚甲环唑悬浮种衣剂 50 mL 加 2.5％咯菌腈悬浮种衣剂 20 mL，拌麦种 10 kg。

2. 防治小麦全蚀病

选用 12.5％硅噻菌胺悬浮剂 20 mL，拌麦种 10 kg，闷种 2～3 h，晾干后播种。

3. 防治地下害虫

用 600 g/L 吡虫啉 20 mL，或用 70％噻虫嗪种子处理可分散粒剂 15 g，拌麦种10 kg，可与上述杀菌剂混合进行种子处理。

二、播种

（一）播期

适宜播期在不同地区有所不同，豫北地区为 10 月 5—25 日，豫中、豫东地区为 10 月 12—20 日，豫南地区为 10 月 15—25 日。

（二）播量

在适宜播期内，每亩播量为 8～12 kg，可根据整地质量、墒情适当增减播量。晚播麦田可适当增加播种量。

（三）播种方法

因地制宜，采用宽窄行、宽幅、等行距机械条播，确保下种均匀，深浅一致，播种深度以 3～5 cm 为宜，播后及时镇压。

三、田间管理

（一）冬前管理

1. 查苗补种

出苗后对缺苗断垄的地方，及早补种。

2. 冬灌

对缺墒的麦田，应在 11 月底至 12 月上中旬，日平均气温在 3 ℃左右时进行冬灌，亩灌水量为 30～40 m³。

3. 化学除草

化学除草宜在 11 月中下旬至 12 月上旬，小麦已开始分蘖，日平均气温在10 ℃以上晴天进行。以双子叶杂草为主的麦田，每亩用 58 g/L 双氟·唑嘧磺悬浮剂 10～15 mL，或 20％双氟磺草胺·氟氯酯水分散粒剂 5 g，加水 30～40 kg喷雾。以单子叶杂草为主的麦田，每亩用 15％炔草酯微乳剂 50 g，或6.9％精噁唑禾草灵水乳剂 80～100 mL，加水 30～40 kg 喷雾。防治节节麦、雀麦，每亩用 3％甲基二磺隆油悬浮剂 20～30 mL，或 3.6％甲基二磺隆·甲基碘磺隆钠盐水分散粒剂 25～30 g，加水 30～40 kg 均匀喷雾。双子叶杂草和单子叶杂草混合发生的麦田，各取各自合适药量，现混现用。播种偏晚、苗龄较小的麦田，不宜在冬前进行化学除草。

（二）春季管理

1. 肥水管理

生长正常的麦田，拔节中后期结合浇水，亩施尿素 10 kg 左右；生长偏弱的麦田，起身期至拔节期结合浇水，每亩追施尿素 10～15 kg。

2. 控旺

旺长麦田，在小麦起身期选择无风晴天，每亩用 15％多效唑可湿性粉剂40～50 g，加水 30～40 kg 均匀喷雾，做到不重喷、不漏喷。

3. 预防晚霜冻害

根据天气预报，强降温天气来临之前及时浇水。

4. 病虫害防治

①茎基腐病、纹枯病、根腐病。返青拔节期麦田病株率达到 15％时，每

亩用 80％戊唑醇可湿性粉剂 10 g，或 15％三唑酮可湿性粉剂 100 g，或 24％噻呋酰胺乳油 30～35 mL，加水 40～50 kg 喷雾，将药液均匀喷洒在麦株茎基部，以提高防效。

②小麦白粉病。返青拔节期，当病株率达 10％时，每亩用 50％醚菌酯水分散粒剂 5～10 mL，或 20％三唑酮乳油 50 mL，加水 50 kg 喷雾。严重发生年份，抽穗灌浆期再防治 1～2 次。

③小麦锈病。返青拔节期，当病株率达 2％或发现发病中心时开展药剂防治，每亩用 12.5％氟环唑乳油 30 mL，或 30％氟环唑悬浮剂 14 mL，加水 30～40 kg 喷雾。严重发生年份，抽穗灌浆期再防治 1～2 次。

④麦蜘蛛。返青拔节期，麦田点片有麦圆蜘蛛 200 头/33 cm^2 或麦长腿蜘蛛 100 头/33 cm^2 时，每亩用 1.8％阿维菌素乳油 8～10 mL，加水 30～40 kg 喷雾。

⑤蚜虫。返青拔节期，蚜虫达到 200 头/百株时，每亩可用 25％噻虫嗪水分散颗粒剂 10～15 g，或 70％吡虫啉水分散颗粒剂 2～3 g，加水 30～40 kg 喷雾。小麦生长中后期再防治 1～2 次。

对于冬前未进行化学除草的麦田，宜在返青起身期日平均气温在 6 ℃以上时进行化学除草，施药方法同三、（一）3. 。小麦拔节后禁止化学除草。

四、后期管理

（一）灌溉与病虫害防治

1. 灌溉

孕穗期至抽穗期，墒情不足的麦田，选择无风天气进行小水浇灌。

2. 病虫害防治

①小麦赤霉病。小麦齐穗期至扬花初期，每亩用 25％氰烯菌酯悬乳剂 100～150 mL，或 43％戊唑醇可湿性粉剂 25～30 g，或 30％肟菌·戊唑醇悬浮剂 40 mL，或 50％多菌灵微粉剂 100 g，加水 30～40 kg 均匀喷施小麦穗部。间隔 7 天进行二次喷药。如施药后 6 h 内遇雨，雨后应及时补喷。提倡使用喷杆喷雾机、电动喷雾器施药，加大喷液量。

②吸浆虫。严重发生的地块，小麦抽穗 70％时，每亩用 50％辛硫磷乳油 150～200 mL，加水 50 kg 喷雾。

小麦生长后期，白粉病、锈病、蚜虫的防治方法同三、（二）4.。

（二）喷施叶面肥

在小麦扬花后 7 天，结合病虫害防治，每亩加入 KH_2PO_4 200 g，加水 30～40 kg喷雾。

（三）收获、晾晒、贮藏

在小麦蜡熟末期及时机械收获、晾晒、贮藏。

第八章
小麦常规育种新理论和新技术

一、小麦常规育种新理论

（一）运用"源流库"理论指导亲本选配

周麦 16 籽粒大而秕瘦，籽粒库容体积较大，属于"源限型品种"。百农 64 籽粒小而饱满，籽粒库容体积较小，属于"库限型品种"；同时，百农 64 综合抗性强，根系活力强，成熟落黄好，又属于"流畅型品种"。因此，2001 年，欧行奇等运用"源流库"理论组配优良杂交组合"周麦 16/百农 64"，并于 2008 年选育定型"源足、流畅、库大"的高产稳产新品种百农 207。

欧行奇等以源限型小麦品种周麦 16 和库限型小麦品种百麦 1 号为材料，在小麦抽穗期、开花期、开花后 1 周、开花后 2 周、开花后 3 周、开花后 4 周、成熟期各自剪去倒三叶、倒二叶＋倒三叶、旗叶＋倒二叶＋倒三叶，比较冠层叶片对不同源库类型小麦品种粒重的影响。结果表明，通常剪叶越早，相对千粒重降低越大；剪叶越晚，相对千粒重降低越小。周麦 16 和百麦 1 号均以开花后 4 周剪叶相对千粒重最高。周麦 16 以开花期剪叶相对千粒重最低；百麦 1 号以抽穗期剪叶相对千粒重最低。剪去叶片数量对小麦粒重有显著影响，不同源库类型品种均表现为剪去叶片越多，粒重下降越显著。不同剪叶时期与剪叶方式互作对相对千粒重有显著影响，周麦 16 以开花后 3 周剪去倒三叶的相对千粒重最高，以开花期剪去旗叶＋倒二叶＋倒三叶的相对千粒重最低；百麦 1 号以开花后 4 周剪去倒三叶的相对千粒重最高，以抽穗期剪去旗叶＋倒二叶＋倒三叶的相对千粒重最低。总体而言，减源处理对源限型品种周麦 16 的影响较大，对库限型品种百麦 1 号影响较小（表 8.1、表 8.2）[47]。

表 8.1　不同品种在不同剪叶时期的平均相对千粒重差异显著性

周麦 16		百麦 1 号	
剪叶时期	平均相对千粒重/%	剪叶时期	平均相对千粒重/%
CK	100.00aA	CK	100.00aA
P6	80.04bB	P6	95.71bB
P5	76.46cC	P5	92.71cC
P4	70.04 dD	P4	83.73 dD
P1	69.36 dD	P3	82.49 dD
P3	66.34eE	P2	78.79eE
P2	64.58fE	P1	77.32eE

注：①P1 为抽穗期；P2 为开花期；P3 为开花后 1 周；P4 为开花后 2 周；P5 为开花后 3 周；P6 为开花后 4 周；CK 为成熟期不剪叶。

②不同小写字母表示不同剪叶时期的平均相对千粒重差异显著（$P<0.05$），不同大写字母表示不同剪叶时期的平均相对千粒重差异极显著（$P<0.01$）。

百麦 1 号系河南科技学院小麦遗传改良研究中心欧行奇等以百农 64 作为杂交亲本之一选育的小麦新品种（系），主体性状与百农 64 较为接近，曾于2007—2008 年度参加河南省冬水组区域试验，因产量未达晋级标准被淘汰。后来，由百麦 1 号系选而成的华育 198 于 2013 年通过河南省审定。

表 8.2　不同品种在不同剪叶方式下的平均相对千粒重差异显著性

周麦 16		百麦 1 号	
剪叶方式	平均相对千粒重/%	剪叶方式	平均相对千粒重/%
T1	83.06aA	T1	92.44aA
T2	72.25bB	T2	86.40bB
T3	58.10cC	T3	76.53cC

注：①T1 为剪去倒三叶；T2 为剪去倒二叶＋倒三叶；T3 为剪去旗叶＋倒二叶＋倒三叶。

②不同小写字母表示不同剪叶方式的平均相对千粒重差异显著（$P<0.05$），不同大写字母表示不同剪叶方式的平均相对千粒重差异极显著（$P<0.01$）。

（二）小麦耐倒春寒的育种理论和方法

欧行奇等在总结前人研究结果的基础上，结合百农 AK58、百农 207、百农 307、百农 607 等百农系列耐倒春寒小麦品种的培育撰写的论文《黄淮南片麦区小麦耐倒春寒育种研究初探》，已被《麦类作物学报》刊发[14]。核心内容如下：

小麦倒春寒的危害机制十分复杂，是霜冻天气、栽培条件和品种自身交互作用的结果。在一定条件下，上述三种因素所起的主导作用不同，霜冻天气、品种自身、栽培条件分别起诱发作用、支撑作用和保护缓冲作用。总体来说，霜冻天气是诱发倒春寒的前提条件，没有霜冻天气出现就不会发生倒春寒危害，霜冻天气出现后必然发生不同程度的倒春寒危害，通常霜冻天气降温幅度愈大、持续时间愈长，倒春寒危害愈重；品种自身包含生理机能和遗传基础，是响应霜冻天气的内在因素，若品种自身生理机能强且携带抗霜冻基因，倒春寒危害则相对较轻；栽培条件通过调节田间水分、湿度、温度和辐射等气象因子，对倒春寒危害起到降低或加剧的作用。

河南科技学院在百农系列小麦品种耐倒春寒育种过程中，主要采取了以下 3 种措施：

第一，提前播种。杂种后代的播期较大田生产适宜播期提前 7 天左右，使小麦生长发育适当提前，提高了倒春寒发生危害的概率和程度。

第二，早代密植。自 F_2 起以接近大田生产的播量进行密植，通过加剧群体内个体间的竞争，降低耐倒春寒能力，提高遗传因素在耐倒春寒性状表达中所占的比重。

第三，加强结实性选择。把结实性作为耐倒春寒能力最重要的表型指标，在确保穗顶部和穗基部结实性较好的前提下，特别注重中部穗基部小花结实性的选择。

河南科技学院从大田表现和室内鉴定的角度，初步拟定了判断小麦品种是否耐倒春寒的 4 条基本原则，内容如下：

第一，在相同地区的相同年份，发生倒春寒时，不同栽培条件下均未发生冻害或冻害较轻的品种。早播、密植、干旱等栽培条件能明显加剧倒春寒对小麦的危害，若某品种在多种不良栽培条件下均未发生冻害或冻害较轻，表明该品种具有较强的耐倒春寒能力。

第二，在相同地区的不同年份，无论任何生育时期发生倒春寒均未造成冻害或冻害较轻的品种。对于不同年份，倒春寒来临时间可能不同，小麦所处的生育时期不同，对低温的敏感性亦不同，若某品种在多个年份生长发育的敏感期均遭遇倒春寒但均未造成冻害或冻害较轻，表明该品种具有较强的耐倒春寒能力。

第三，在不同年份的不同地区，发生倒春寒时，均未发生冻害或冻害较轻的品种。某品种在多年、多地种植，栽培条件差异明显，其生长发育敏感期不可能完全避开倒春寒，如果某品种所受倒春寒危害明显轻于其他品种，表明该品种具有较强的耐倒春寒能力。目前这一判断标准为业内所公认。

第四，在低温敏感期，穗分化时期鉴定时均未发生冻害或冻害较轻的品种。穗分化时期与耐寒性的关系密切，在低温敏感期内，相同低温条件下，若某品种所受倒春寒危害轻于其他品种，表明该品种具有较强的耐倒春寒能力。

河南科技学院在多年小麦育种实践中发现，小麦品种耐倒春寒能力的强弱往往与以下6类性状可能存在相关关系：

第一，品种的冬春性和抽穗期。当前适宜黄淮南片冬麦区气候生态和生产条件的小麦品种的生态型主要是半冬性和弱春性。半冬性和弱春性的早熟小麦品种通常在春季发育较快，抽穗时间较早，其穗分化敏感期与寒潮来临时期相遇的概率较大。因此，这两类品种在倒春寒常发区域受冻害的概率较大。同时，因半冬性中晚熟小麦品种的幼穗发育进程相对较慢，春季起身拔节和抽穗时间均较晚，穗分化敏感期避开了霜冻的发生时期，遭受倒春寒危害较轻。

第二，品种生长发育的光温反应特性。小麦品种的光温反应特性是受遗传基因控制的生理生态特性，严格控制着小麦各阶段生长进程的快慢和各器官形成的节奏。根据小麦生长发育对温度高低和日照长短变化的反应，一般分为敏感型、迟钝型和中间型。在相同地区不同年份小麦生育期内，日照长度的变化节律十分稳定，而温度高低变化差异明显。当生态环境温度高时，温度敏感型品种的生长发育加快，抗寒能力随之下降，如遇晚霜冻极易受害。兼具温度迟钝型和光照敏感型的品种，表现为春季生长发育稳健，不易受温度波动的影响，抽穗时间较晚且比较稳定，遭受冻害较轻。

第三，植株健壮度。小麦植株健壮度不仅受播期、播量和水肥条件的影响，还受品种自身遗传特性的控制。小麦冬春季植株生长健壮，对播期、播量、水肥反应相对不敏感，根系发育好，耐旱能力较强，则有利于增强对低温的抵抗能力。

第四，越冬期抗寒性。小麦品种的春季抗寒性与越冬期抗寒性虽无必然联系，但越冬期抗寒性为春季抗寒性奠定了基础。若一小麦品种的越冬期抗寒性好，春季抗寒性不一定好，但越冬期抗寒性差，则春季抗寒性必然减弱。

第五，穗部结实性。穗粒数不仅是产量构成的主要要素之一，还是重要的适应性性状。良好的穗部结实性是较强的抗逆性和适应性的综合表现。一般不孕小穗少、可育小穗和小花多、花粉量大、柱头活力强的小麦品种的耐倒春寒能力强，尤其对抽穗开花期的低温具有较强的耐受性。

第六，受害后恢复能力。在极端恶劣天气条件下，所有的小麦品种都可能受到严重的倒春寒危害，部分小麦品种在受害后表现出自身恢复快、成穗较多、麦穗较大、灌浆较快、减产损失降低的特性，这种特性既非抗倒春寒，也非避倒春寒，但可视为耐倒春寒。

就耐倒春寒小麦品种百农 207 而言，它属于半冬性中晚熟品种；冬季抗寒性好，2015 年冬季在豫北地区经受住了 $-17 \sim -16$ ℃的低温考验；分蘖力一般，成穗率较高，植株健壮，在单位面积有效穗数与对照品种周麦 18 相当的情况下，单位面积的生物产量高于对照品种 15% 左右；春季生长发育稳健，2013 年 3 月下旬，河南省中、北部气温飙升至 30 ℃并持续 5 天以上，其生长发育表现较一般年份并无明显异常，而华育 198 等不耐倒春寒品种则表现出快速生长；根系发达，耐旱能力较强，是豫西旱肥地和沿黄稻区的主栽品种；穗分化较其双亲百农 64 和周麦 16 均较慢，常年抽穗期较晚且相对稳定；穗部结实性好，单株条件下穗顶部及穗基部均结实，中部单个小穗结实 4~5 粒，同等密植条件下平均穗粒数较对照品种周麦 18 增加 4~5 粒；柱头活力和花粉活性强，在周麦 18、百农 207、西农 979、良星 99 和偃师 4110 这 5 个品种的试验中，其柱头活力和花粉活性分别居第 2 位和第 1 位；受害后恢复能力强，2013 年春季，江苏省淮北地区倒春寒危害严重，所有小麦品种主茎及大分蘖被冻死后，其再生穗发生早、成穗较多且较大，每公顷产量仍在 3 750~4 500 kg，而一般品种的每公顷产量只有 1 500~2 250 kg。

根据小麦耐倒春寒育种的相关理论知识，结合小麦耐倒春寒育种的实践经验，初步拟定了小麦耐倒春寒育种的基本方法，主要工作环节如下（图 8.1）：

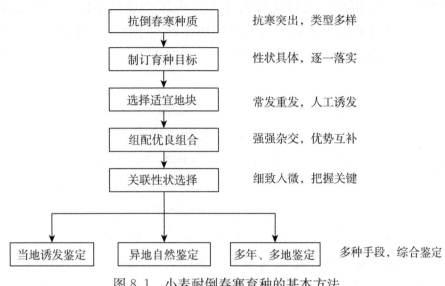

图 8.1 小麦耐倒春寒育种的基本方法

第一，制订小麦耐倒春寒育种目标。小麦耐倒春寒并非单一性状，而是涉及诸多关联性状，因此必须将育种目标逐一落实到不同生育时期的具体性状上。

第二，选择适宜育种田。环境和基因型分别是小麦性状表达的外因和内因，只有将倒春寒常发或重发地块作为育种田，利用春季低温环境让倒春寒危害得到充分表现，才能准确选择到优良基因型。

第三，组配优良杂交组合。要求亲本组合中至少有一个耐倒春寒能力强的亲本，最好双亲或多亲的耐倒春寒能力都强。如亲本无一耐倒春寒，虽不能否定出现耐倒春寒类型，但其出现的概率一般较低。

第四，加强关联性状选择。在把握小麦倒春寒危害类型及其症状的基础上，应加强各生育期关联性状的评价与选择，尤其应加强穗部结实性的选择。

第五，耐倒春寒能力鉴定。分别以耐倒春寒能力强和弱的品种为对照，在倒春寒重发年份和地块，对新品种的耐倒春寒能力进行客观准确地鉴定。

（三）用小区内行表现精准评价品种产量

小区产量是小麦育种中重要的评价指标，边行优势和内行表现对小区产量影响很大。品种审定是一个品种合法推广的前提条件，但在小麦区域试验中，采用小区试验，面积小，边行优势占比大，小区产量并不能完全代表大田产量，所选品种具有较好的边行优势容易使该品种在小区试验中脱颖而出通过品种审定，而内行表现好的品种在大田生产中表现出高产、稳产，更有利于大面积推广种植。

欧行奇等在品种选育过程中，考虑边行优势的同时，用小区内行表现评价品种产量，获得了更精准、更符合生产实际的评价效果。百农 207 的小区产量较对照品种周麦 18 增产 3.0% 左右，用小区内行表现评价则百农 207 的大田产量一般增产 8.0% 以上[48]。

在小麦品系鉴定和品比试验中的小区播种环节，严格控制小区四周间距和小区面积，确保每行播种质量，减少环境差异带来的试验误差，测试品种间产量的真实遗传性差异。在小区收获环节，逐行调查产量要素，统计边行优势和内行表现（表 8.3 至表 8.7）。

表 8.3　不同小麦品种试验小区每行产量

单位：kg/hm²

小麦品种	西 1 行	西 2 行	中间行	东 2 行	东 1 行
周麦 18	10 022.25a	7 237.05a	7 300.35a	7 054.20a	8 636.70a
华育 198	9 417.45a	7 736.40b	7 722.45b	7 912.35b	9 403.35a
郑育 8 号	9 361.05bB	7 623.90cB	7 469.25cB	7 082.40cB	13 974.90aA
百农 207	**670.50bB**	**7 792.65bB**	**8 017.80bB**	**7 187.85bB**	**14 108.55aA**

注：同列数据后不同小写字母表示品种间差异显著（$P<0.05$），同列数据后不同大写字母表示品种间差异极显著（$P<0.01$）。

表 8.4　不同计产方式产量及边行优势指数

小麦品种	全小区产量/（kg/hm²）	边行产量/（kg/hm²）	内行产量/（kg/hm²）	边行优势指数/%
周麦 18	7 926.15b	9 185.40b	7 086.45a	29.69bB
华育 198	8 309.85ab	9 266.85b	7 671.90a	20.74bB
郑育 8 号	8 963.10a	11 490.45a	7 278.15a	57.85aA
百农 207	**9 208.95a**	**11 708.70a**	**7 542.45a**	**55.23aA**

注：同列数据后不同小写字母表示品种间差异显著（$P<0.05$），同列数据后不同大写字母表示品种间差异极显著（$P<0.01$）。

表 8.5　不同小麦品种小区各行产量要素组成及差异

产量三要素	小麦品种	西 1 行	西 2 行	中间行	东 2 行	东 1 行
有效穗数/（万穗/hm²）	周麦 18	619.95a	523.05a	519.15a	548.25a	586.20a
	华育 198	628.50a	575.70b	569.40b	574.95b	602.40ab
	郑育 8 号	565.20bAB	520.20bAB	502.65bAB	479.40bB	738.75aA
	百农 207	**560.25ab**	**493.50b**	**541.50ab**	**487.20b**	**686.10a**
穗粒数/粒	周麦 18	32.40a	27.50a	26.58a	25.36a	28.44a
	华育 198	30.64a	27.66a	27.40a	28.38a	31.90a
	郑育 8 号	36.81b	32.26c	33.70c	33.08c	38.83a
	百农 207	**38.94ab**	**35.74b**	**35.17b**	**35.30b**	**42.54a**
千粒重/g	周麦 18	49.79a	50.39a	50.38a	50.76a	51.78a
	华育 198	48.93a	48.58a	49.52a	48.51a	48.90a
	郑育 8 号	44.54a	45.66a	44.10a	44.60a	48.76a
	百农 207	**44.38ab**	**44.16ab**	**44.30ab**	**41.87b**	**48.54a**

注：同列数据后不同小写字母表示品种间差异显著（$P<0.05$），同列数据后不同大写字母表示品种间差异极显著（$P<0.01$）。

表 8.6　不同小麦品种边行和内行产量要素及边行优势指数

品种	有效穗数			穗粒数			千粒重		
	内行/（万穗/hm²）	边行/（万穗/hm²）	边行优势指数/%	内行/粒	边行/粒	优势指数/%	内行/g	边行/g	优势指数/%
周麦 18	531.00a	594.15a	11.85bAB	26.48c	30.42b	14.77a	50.51a	50.79a	0.52bc
华育 198	565.05a	606.30a	7.30bB	27.81bc	31.27b	12.47a	48.87ab	48.92a	0.11ab
郑育 8 号	493.20a	642.30a	30.15aA	33.01ab	37.83ab	14.57a	44.78bc	46.66a	4.21ab
百农 207	**491.10a**	**613.95a**	**25.00aAB**	**35.40a**	**40.74a**	**15.01a**	**43.44c**	**46.46a**	**6.93a**

注：同列数据后不同小写字母表示品种间差异显著（$P<0.05$），同列数据后不同大写字母表示品种间差异极显著（$P<0.01$）。

表 8.7　产量边行优势指数与产量要素边行优势指数的关系

产量边行优势指数	产量要素边行优势指数（x）	相关系数（r）	决定系数（r^2）
y	有效穗数优势指数	0.990 2**	0.980 4
	穗粒数优势指数 0.665 6	0.443 0	
	千粒重优势指数 0.635 4	0.403 7	

注：** 表示极相关（$P<0.01$）。

（四）光合能力和根系活力协同支撑小麦综合抗性

小麦生长发育需要的物质和能量全部来源于地上植株的光合作用和地下根系吸收的营养。小麦抵抗生物胁迫（病、虫、草害等）和非生物胁迫（温度、水分、养分等）离不开物质和能量。百农 207 地上部健壮、地下根系发达、地上地下协调，自身物质和能量充足，更有利于提高自身综合抗性。

1. 百农 207 光合能力强

欧行奇等为明确百农 207 的高产和稳产机理，于 2014—2015 年度在田间条件下对百农 207、周麦 18、百农 AK58 三个品种在不同生育时期的光合特性、干物质动态及产量性状进行了研究。结果表明，百农 207 具有较好的光合特性，它在开花期的净光合速率最高，分别较周麦 18 和百农 AK58 提高 15.76％和 18.22％，且在开花后能保持较长时间的高光合速率；它的单茎（蘖）干物质重量在所有的生育时期中均最重；从品种分蘖成穗方面来看，百农 207 为典型的分蘖力一般、成穗率高的类型；从产量性状分析，百农 207 的穗粒数和穗粒重增加明显，其经济产量较周麦 18 高 2.48％，较百农 AK58 高 14.50％。高光合速率、干物质积累多、成穗率高及穗粒数和穗粒重的增加是百农 207 高产和稳产的生理基础（图 8.2、图 8.3、表 8.8、表 8.9)[15]。

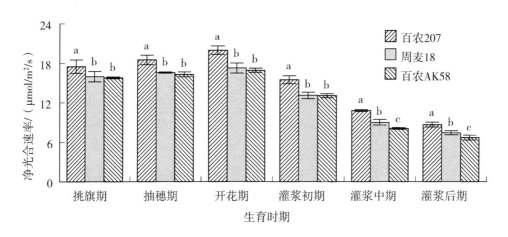

图 8.2 不同小麦品种净光合速率的动态变化

注：不同小写字母表示品种间不同时期净光合速率差异显著（$P<0.05$）。

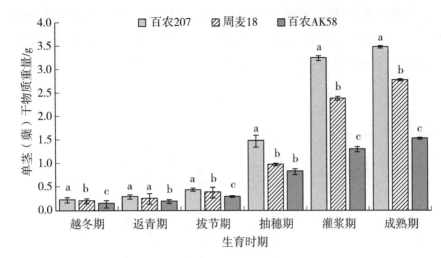

图 8.3 不同小麦品种单茎（蘖）干物质重量的动态变化

注：不同小写字母表示品种间不同时期单茎（蘖）干物质重量差异显著（$P<0.05$）。

表 8.8 不同小麦品种分蘖成穗差异显著性比较

小麦品种	冬前分蘖/ （万个/hm²）	最高分蘖/ （万个/hm²）	有效穗数/ （万穗/hm²）	成穗率/%
百农 207	**1 478.85bB**	**1 603.05cC**	**745.35bA**	**46.52aA**
周麦 18	1 733.40aA	1 818.15bB	758.25bA	41.72bA
百农 AK58	1 836.30aA	2 042.40aA	844.20aA	41.32bA

注：同列数据后不同小写字母表示品种间差异显著（$P<0.05$），同列数据后不同大写字母表示品种间差异极显著（$P<0.01$）。

表 8.9 不同小麦品种产量要素差异显著性比较

小麦品种	有效穗数/（万穗/hm²）	穗粒数/粒	穗粒重/g	千粒重/g
百农 207	**745.35bA**	**36.04aA**	**1.52aA**	**42.13bB**
周麦 18	758.25bA	30.01bB	1.43aA	47.55aA
百农 AK58	844.20aA	26.87cC	1.15bB	42.66bB

注：同列数据后不同小写字母表示品种间差异显著（$P<0.05$），同列数据后不同大写字母表示品种间差异极显著（$P<0.01$）。

Liu H J 等的研究结果表明，百农 207 叶片中叶绿素含量高于百农 64、周麦 16，特别是叶绿素 a 差异更显著（图 8.4），百农 207 叶片的叶肉细胞中叶绿体数目较多、形状更加扁平，叶绿体中内囊体堆叠地更紧实（图 8.5），有利于光合作用中光能的吸收、转化，以及光反应的进行。百农 207 的光合速率、蒸腾速率和气孔导度均显著高于百农 64 和周麦 16，有助于 CO_2 进入体内，百农 207

的 1，5 - 二磷酸核酮糖羧化酶活性较高，可快速同化 CO_2，从而促进碳同化（图 8.6、图 8.7）。百农 207 的最大光化学效率、光系数 Ⅱ 及电子转移速率较高，光系统活性较高，有利于促进光合作用的光反应过程（图 8.8）[49]。

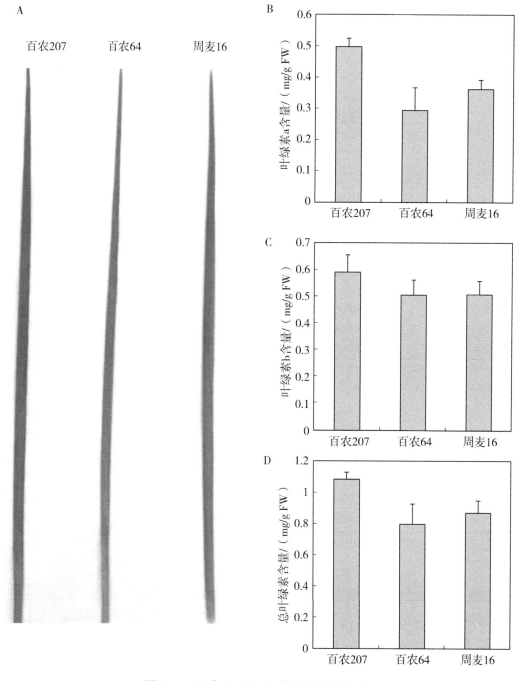

图 8.4　百农 207 和双亲的叶绿素含量

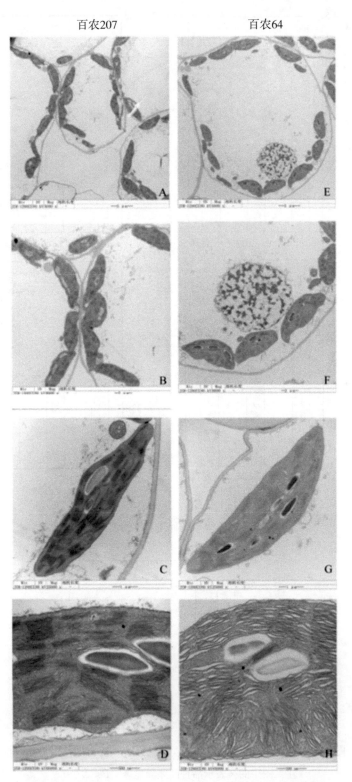

图 8.5　百农 207 与百农 64 的叶绿体亚显微结构

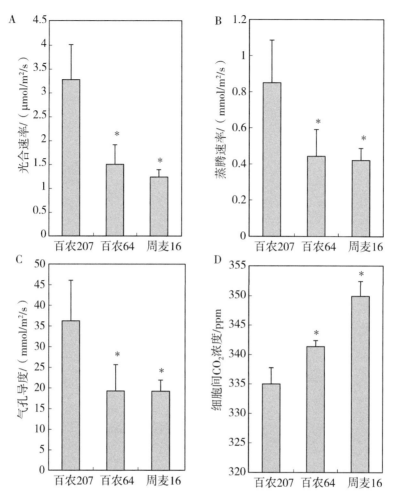

图 8.6　百农 207 和双亲的光合参数

注：图中的 * 表示品种间差异显著（$P<0.05$）。

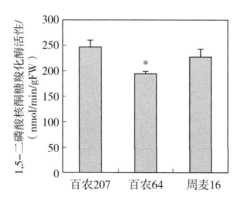

图 8.7　百农 207 和双亲的 1,5-二磷酸核酮糖羧化酶活性

注：图中的 * 表示品种间差异显著（$P<0.05$）。

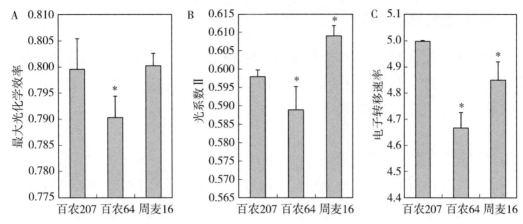

图 8.8 百农 207 和双亲的荧光参数

注：图中的 * 表示品种间差异显著（$P<0.05$）。

2. 百农 207 根系活力强

杨文平等研究人员于 2016—2017 年度冬小麦生长季节，以周麦 27 为对照品种，研究了小麦品种百农 207 主要生育时期根系形态生理特征[50]。主要研究结果如下：

①两品种的根系体积、根重、根系总分枝数在抽穗期达到峰值。与周麦 27 相比较，百农 207 在灌浆中后期根系体积较大；百农 207 的根重、根体积密度始终高于对照品种周麦 27。两品种根重密度在籽粒形成期达到最大值；从分蘖期到籽粒形成期，周麦 27 的根重密度高于百农 207。周麦 27 和百农 207 的根长密度分别在抽穗期和籽粒形成期达到峰值。

②生育前期，周麦 27 的根系吸收面积、活跃吸收面积、根系活力和可溶性糖含量高于百农 207，但差异不显著；生育后期则相反。两品种叶片中丙二醛（MDA）含量较根系中增加明显。生育后期旗叶和根系可溶性蛋白、超氧化物歧化酶（SOD）、过氧化氢酶（CAT）活性呈下降趋势，品种间表现为百农 207 高于周麦 27。

二、小麦常规育种新技术

在小麦常规育种工作中，河南科技学院小麦遗传改良研究中心团队采用规模化育种，常年杂种后代种植面积在 500 亩左右。与一般育种不同，规模化育种以其独特的技术体系，几乎涉及各技术环节。主要技术环节分述如下：

（一）超大群体种植

重点单交组合做 30～50 个杂交穗，F₂ 种植 5 万～10 万株，加大选择压力和拔高选择标准，促进打破优良基因与不良基因间紧密连锁遗传，提高多个优良性状聚合在一起的成功率。

（二）多态逆境鉴定

将 F_1、F_2 提前播种（豫北地区一般在 9 月底至 10 月初播种），鉴定越冬抗寒性和耐倒春寒能力；F_3 起各世代密植（每亩播 20 万株基本苗），鉴定抗倒性、丰产性；利用自然环境和诱发条件，鉴定抗病性（条锈病、叶锈病、白粉病等）、抗逆性（倒春寒、干热风、穗发芽等）；对新品系进行多点的播期、播量试验，鉴定适应性、稳产性等。

（三）均数平衡选择

针对分离世代中选单株或株系的主要目标性状，先分株或分系调查各个目标性状，然后统计各目标性状群体平均值，按目标性状的类型确定选留标准，正向性状（如产量三要素等）选留标准不低于群体平均值，负向性状（如株高等）选留标准不高于群体平均值，中性性状（如抽穗期等）选留标准接近群体平均值，使选留单株或株系的各主要目标性状均达到较优水平，从而实现各主要目标性状的平衡、协调、优化。

（四）剩余变异挖潜

根据自交后代纯合体的比率公式 $X_n = (1-1/2^r)^n$ 推算（X_n 为自交后代纯合体比例，r 为自交代数，n 为差异基因对数），一对杂合基因型 S_3～S_5（即 F_4～F_6）中杂合基因型比率在 5％ 左右。可见，即便在高代品系（F_5 以后）群体内，仍存在较多剩余变异。对高代品系继续选择数量较多的单株，分系种植和选择，优中选优，充分挖潜剩余变异，从而选择更优品系。

第九章
小麦品质快速分析新方法

　　小麦作为人们日常生活中重要的物质之一，不仅含有丰富的蛋白质，还具有较高的营养价值，其品质评价紧密关联国家粮食安全与经济的发展。水分作为小麦品质的重要检验指标之一，直接影响小麦粉的货架期，而干物质含量直接影响小麦的贮藏期，且二者均为小麦粉加工工艺选择与技术参数选择的必备依据。水分的常规检测方法一般都依照《食品中水分的测定》（GB/T 5009.3—2016），干物质的常规检测方法一般为直接干燥法，测量周期长，操作流程繁琐，受人为因素影响较大，且难以实现快速、在线、实时检测。

　　近红外光谱（NIRS）技术是 20 世纪 80 年代末发展起来的一项新的测试技术，是一种成本低、快速、无损的绿色分析技术，近些年来在农业、医药、石化、烟草、食品等行业得到了广大科研工作者的关注[51-55]。经文献报道，NIRS 技术目前已被广泛应用于农产品的灰分、淀粉、蛋白质等成分的检测[56-59]，但是目前检测小麦水分含量需要破坏小麦籽粒，将小麦籽粒磨成粉进行检测，对于完整无需破坏小麦籽粒快速检测含水率的研究报道较少。相比传统方法反复试验且破坏原料获取数据，NIRS 技术的光谱信息更容易获取、信息量更丰富、数据计算速度更快。本研究尝试采用 NIRS 技术对包括百农 207 在内不同品种小麦的籽粒含水率和籽粒干物质含量进行快速无损研究，为实现小麦品质的快速、无损、在线检测提供理论依据。

一、籽粒含水率快速分析

（一）材料与方法

1. 小麦品种

百农 201、百农 207、百农 307、百旱 207、百农 AK58、冠麦 1 号、周麦 18，均由新乡市农乐种业有限责任公司生产。

2. 仪器与设备

近红外光谱仪测量系统（台湾五铃光电科技有限公司），主要部件包括：5WDZ 卤素光源（ISUZU OPTICS CORP，Taiwan，China），NIRR1 光谱仪（ISUZU OPTICS CORP，Taiwan，China）、NIRez 数据采集软件（ISUZU OP‑TICS CORP，Taiwan，China）；The Unscrambler 9.7 建模软件（挪威 CAMO 公司）。

3. 试验方法

（1）NIRS 数据采集

试验前，提前 30 min 将近红外光谱仪系统打开预热，待光源稳定之后进行光谱信息采集，将小麦籽粒（约 20 g）装于玻璃平皿（直径 60 mm，高 10 mm）中，设置曝光时间为 0.63 ms，检测波长范围为 900～1 700 nm，扫描 5 次取平均值，即获得小麦籽粒的平均反射光谱信息。

（2）光谱预处理

利用中值滤波平滑（GFS）、多元散射校正（MSC）和标准正态变量校正（SNV）三种方法预处理原始光谱。GFS 可以除去密集噪声点对光谱信息的影响[60]，MSC 用于消除散射影响，提高光谱信噪比[61]，SNV 用于消除固体颗粒大小、表面散射和光程变化对光谱的影响[62]。

（3）模型构建及评价

偏最小二乘（PLS）回归是从应用领域中提出的一种新型多元数据分析方法，通过最小化误差的平方和找到一组数据的最佳函数匹配，用最简单的方法求得一些绝对不可知的真值，而令误差平方之和为最小。PLS 回归能够在自变量存在严重多重相关性的条件下进行回归建模，允许在样本点个数少于变量个数的条件下进行回归建模，最终模型中将包含原有的所有自变量，更易于辨识系统信息与噪声，每一个自变量的回归系数将更容易解释[63]。本试验中将小麦含水率参考值作为因变量，将波长作为自变量，通过 PLS 回归，建立小麦籽粒含水率的预测模型。采用校正集相关系数（R_C）、校正集误差（$RMSE_C$）、内部交叉验证集相关系数（R_{CV}）、内部交叉验证集均方根误差（$RMSE_{CV}$）、外部预测集相关系数（R_P）、外部预测集均方根误差（$RMSE_P$）评价 PLS 模型性能[64]。其中模型相关系数（R）越接近 1，$RMSE_C$、$RMSE_{CV}$、$RMSE_P$ 越小，模型的预测性能越好[65]。

（4）最优波长选择与模型优化

全部波长作为建模的输入变量，信息量庞大，同时存在大量的冗余信息，因此要采用合适手段选取最优波长区间或者波长，剔除无关信息，提取有用信息，减少数据计算量，以提高建模效率。本试验采用回归系数（RC）法筛选最优波长。RC 法是多元线性回归法中选择回归变量的一种常用数学方法，具体筛选步骤可参照 He 等[66]的研究。获取最优波长后，以最优波长作为输入变量，进行全波段 PLS 回归模型（F-PLS）优化，建立最优波长 PLS 回归模型（O-PLS），以 R 和 RMSE 评价模型性能。经 RC 法筛选获取最优波长后，以最优波长作为输入变量，构建多元线性回归（MLR）模型，并对比 O-PLS 与 MLR 模型的预测效果。RC 法筛选波长及模型构建均在建模软件 The Unscrambler 9.7 中完成。

（二）结果与分析

1. 小麦籽粒水分测量结果

试验样品的水分测量结果如表 9.1 所示（国标法测量）。参照宦克为等的研究方法[67]，将所有水分测量值依照从小到大排序，按每 3 个样品中随机取一个样品（1/3）选入预测集，剩余样品（2/3）选入校正集。

表 9.1 小麦籽粒水分测量结果

样品集	样品数/个	最小值/(g/100 g)	最大值/(g/100 g)	平均值/(g/100 g)	标准差/(g/100 g)
校正集	73	7.69	10.00	8.79	0.27
预测集	37	7.80	9.97	8.81	0.28

2. 小麦籽粒光谱特征

通过 NIRez 数据采集软件提取的 110 个小麦籽粒样品的平均光谱见

图 9.1。图 9.1 a 为提取的原始光谱，图 9.1 b 是 GFS 预处理的光谱，图 9.1 c 是 MSC 预处理的光谱，图 9.1 d 是 SNV 预处理的光谱。图 9.1 和图 9.2 显示，所有样品的光谱曲线高低位置不同，但总体趋势一致，这源于不同品种小麦的化学组分含量不同。

近红外光谱出现吸收峰源于小麦籽粒化学组分中的各种基团（包括 O-H、N-H 和 C-H）发生伸缩、振动、弯曲等运动[68]。吸收峰出现在 980 nm（O-H 的倍频吸收带）、1 200 nm（O-H 的合频吸收带）和 1 450 nm（O-H 的倍频吸收带）处，源于小麦籽粒的水分吸收[69]。980 nm 处和 1 200 nm 处的吸收峰较强，而 1 450 nm 处的吸收峰很弱。

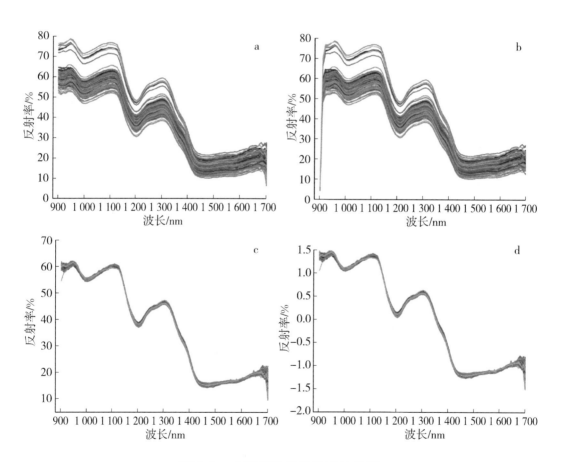

图 9.1　小麦籽粒样品的平均光谱

a：原始光谱　b：GFS 光谱　c：MSC 光谱　d：SNV 光谱

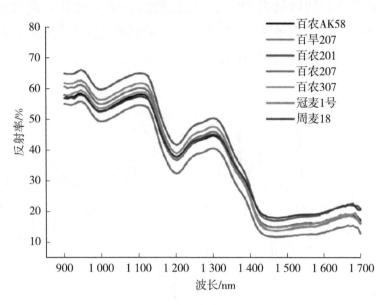

图 9.2　不同品种小麦籽粒的平均光谱

3. 基于全波段光谱预测小麦籽粒含水率

由表 9.2 得知，全波段光谱信息经过三种不同预处理后，构建的 F‑PLS 预测小麦籽粒含水率的效果差距较大。三种预处理结果相比较，GFS 预处理光谱构建的 F‑PLS 预测的小麦籽粒含水率的相关系数均大于另两种预处理光谱构建的 F‑PLS 的相关系数，这 3 个相关系数均接近 1；其 $RMSE$ 和 $\Delta E =$ 0.064 也均低于另两种预处理光谱的相关结果。

结果表明，GFS 预处理光谱构建的 F‑PLS 具有良好的鲁棒性。因此，在接下来的数据处理中仅对 GFS 预处理光谱进行数据分析。

表 9.2　F‑PLS 预测小麦籽粒含水率

预处理	波长数	潜变量	校正集		交叉验证集		预测集	
			R_C	$RMSE_C/\%$	R_{CV}	$RMSE_{CV}/\%$	R_P	$RMSE_P/\%$
GFS	100	10	0.965	0.136	0.912	0.215	0.927	0.200
MSC	100	9	0.927	0.194	0.786	0.324	0.819	0.307
SNV	100	9	0.927	0.194	0.786	0.324	0.819	0.307

4. 最优波长结果

采用 RC 法从全波段中筛选出最优波长，以减少数据运算量、提高建模效率，筛选后最优波长的数量为 29 个，与全光谱数据相比其光谱波长量减少了 71%，这大大提高了建模效率并减少了数据的运算量。GFS 预处理光谱中经 RC 法筛选出的最优波长的具体位置如图 9.3 所示。

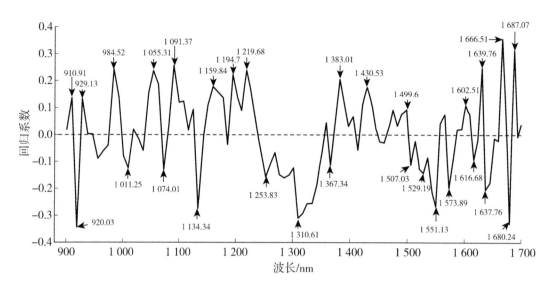

图 9.3 GFS 预处理光谱中经 RC 法筛选出的最优波长的具体位置

5. 基于最优波长预测小麦籽粒含水率

最优波长筛选出来之后，以最优波长为输入变量，重新校正，优化 F－PLS 回归模型，结果见表 9.3。与 F－PLS 相比，优化后的 O－PLS 预测小麦籽粒含水率的相关系数分别为 $R_C=0.956$、$R_{CV}=0.908$、$R_P=0.909$，效果虽略有降低，但其输入变量却大大减少。本试验 O－PLS 预测结果显示近红外光谱技术预测小麦籽粒含水率具有巨大的潜力。

表 9.3 O－PLS 预测小麦籽粒含水率

预处理	波长数	潜变量	校正集		交叉验证集		预测集	
			R_C	$RMSE_C/\%$	R_{CV}	$RMSE_{CV}/\%$	R_P	$RMSE_P/\%$
GFS	29	10	0.956	0.151	0.908	0.220	0.909	0.229

（三）结论

基于长波近红外（900～1 700 nm）光谱快速无接触评估小麦籽粒含水率的研究。基于三种不同预处理光谱信息（GFS、MSC、SNV）构建全波段 PLS 回归模型（F-PLS）预测小麦籽粒含水率，其中 GFS 预处理光谱构建的 F-PLS，其精度和鲁棒性优于 MSC 预处理光谱和 SNV 预处理光谱。采用 RC 法筛选最优波长并优化 F-PLS，从 GFS 预处理光谱中筛选的 29 个最优波长构建的最优波长 PLS 回归模型（O-PLS）预测得性能和鲁棒性均较好（R_P = 0.909，$RMSE_P$ = 0.229%）。研究表明，采用近红外光谱技术结合 PLS 算法建立预测模型可潜在实现对小麦籽粒含水率的快速预测。

二、籽粒干物质快速分析

（一）材料与方法

1. 小麦品种
与分析含水率所采用的品种相同。

2. 仪器与设备
与分析含水率所采用的仪器与设备相同。

3. 试验方法
与分析含水率所采用的试验方法相同。但是采用的光谱预处理方法不同，本试验采用中值滤波平滑（GFS）、标准化校正（NC）和卷积平滑（SGCS）三种方法预处理原始光谱。GFS 可以除去密集噪声点对光谱信息的影响[60]，NC 和 SGCS 均能消除散射影响，以提高光谱信噪比[70-71]。

（二）结果与分析

1. 小麦籽粒干物质测定结果
本试验的小麦籽粒干物质含量测量（国标法测量）结果如表 9.4 所示。参照宦克为等的研究方法，将所有干物质测量值依照从小到大排序，按每 4 个样品中随机取一个样品选入预测集（1/4），剩余样品选入校正集（3/4）。

表 9.4　小麦籽粒干物质含量测量结果

样品集	样品数/个	最小值/ (g/100 g)	最大值/ (g/100 g)	平均值/ (g/100 g)	标准差/ (g/100 g)
校正集	82	90.01	92.31	91.21	0.50
预测集	28	90.03	92.20	91.21	0.51

2. 小麦籽粒光谱特征

采用近红外光谱成像系统软件 NIRez 提取的 110 个小麦样品的平均光谱分别如图 9.4 所示，分别为原始光谱（图 9.4 a）、GFS 光谱（图 9.4 b）、NC 光谱（图 9.4 c）、SGCS 光谱（图 9.4 d）。所有样品的总体趋势一致，只有光谱曲线高低位置不同，这主要源于不同品种小麦的化学组分含量不同。

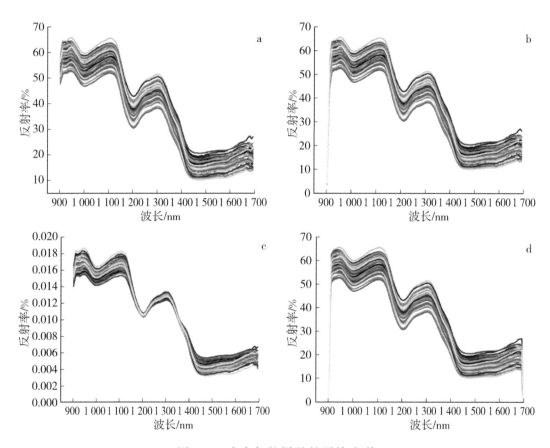

图 9.4　小麦籽粒样品的平均光谱

a：原始光谱　b：GFS 光谱　c：NC 光谱　d：SGCS 光谱

3. 基于全波段光谱预测小麦籽粒干物质含量

采用原始光谱构建的 PLS 回归模型预测小麦籽粒干物质含量的效果较差，而经光谱预处理后所建模型的预测效果有明显改善。本试验基于三种不同预处理全波段光谱信息，采用 PLS 算法挖掘干物质与光谱信息之间的相关性。结果如表 9.5 所示。

由表 9.5 可知，全波段原始光谱经过三种预处理后构建的 PLS 回归模型的预测效果不同。三种预处理结果相比较，其中 GFS 光谱构建的 F-PLS 预测小麦籽粒干物质含量的相关系数最高（$R_P=0.952$），预测误差最低（$RMSE_P=0.158\%$），预测效果优于其他两种预处理。因此，后续波长筛选及模型优化仅采用 GFS 光谱。

表 9.5　F-PLS 预测小麦籽粒干物质

预处理	波长数	潜变量	校正集		交叉验证集		预测集	
			R_C	$RMSE_C/\%$	R_{CV}	$RMSE_{CV}/\%$	R_P	$RMSE_P/\%$
GFS	100	13	0.988	0.076	0.929	0.187	0.952	0.158
NC	100	11	0.965	0.132	0.875	0.245	0.916	0.225
SGCS	100	12	0.958	0.143	0.856	0.262	0.905	0.222

4. RC 法筛选最优波长结果

RC 法筛选出了 17 个最优波长，与全波段光谱相比，波长数量减少了 83%，这大大提高了建模效率及数据的运算速度。GFS 光谱中 RC 法筛选出的最优波长的具体位置如图 9.5 所示。

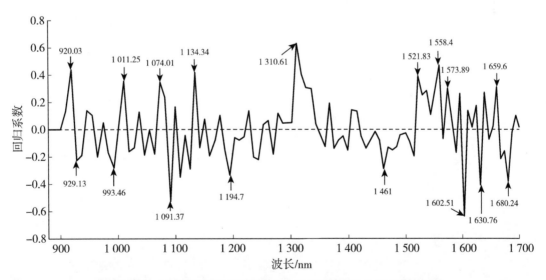

图 9.5　GFS 光谱中 RC 法筛选出的最优波长的具体位置

5. 全波段 PLS 回归模型优化结果

将上述筛选出的 17 个最优波长作为输入变量，重新运算，建立优化的 PLS 回归模型（O-PLS），结果见表 9.6。与 F-PLS 相比，O-PLS 模型预测相关系数略有下降（$R_P=0.928$），预测误差略有上升（$RMSE_P=0.191\%$），但鲁棒性（$\Delta E=0.049$）却有所提升。O‑PLS 预测结果显示出近红外光谱技术预测小麦籽粒干物质含量潜力巨大。

表 9.6 O‑PLS 预测小麦籽粒干物质

预处理	波长数	潜变量	校正集		交叉验证集		预测集	
			R_C	$RMSE_C/\%$	R_{CV}	$RMSE_{CV}/\%$	R_P	$RMSE_P/\%$
GFS	17	13	0.958	0.142	0.932	0.183	0.928	0.191

（三）结论

基于三种不同预处理光谱信息（GFS、NC、SGCS）构建全波段 PLS 回归模型（F‑PLS）预测小麦籽粒干物质含量，GFS 预处理光谱构建的 F‑PLS 的预测效果最好。采用 RC 法从 GFS 预处理光谱中筛选出 17 个最优波长优化 F‑PLS，优化效果良好（$R_P=0.928$，$RMSE_P=0.191\%$）。试验表明，采用 900～1 700 nm 光谱信息构建 PLS 模型可潜在快速测量小麦籽粒干物质含量。

参 考 文 献

[1] 杨尚威. 中国小麦生产区域专业化研究 [D]. 重庆：西南大学，2011.

[2] 王志敏，张英华，薛盈文. 关于我国小麦生产现状与未来发展的思考 [C] //第十五
次中国小麦栽培科学学术研讨会论文集. 北京：中国作物学会，2012.

[3] 郝晨阳. 五十年来我国小麦育成品种的遗传多样性演变及西北春麦区核心种质的构建
[D]. 兰州：甘肃农业大学，2004.

[4] 孙凯. 河南粮食 大有可为 [J]. 中国粮食经济，2016 (6)：46-47.

[5] 刘道兴，吴海峰，陈明星. 改革开放以来河南农业的历史性巨变 [J]. 中州学刊，
2008 (6)：31-36.

[6] 马崎英. 加强产学研合作 全力推进粮食丰产科技工程 [J]. 中国高校科技与产业
化，2009 (10)：19-20.

[7] 辜胜阻. 构建区域创新体系 实施自主创新战略——《河南省自主创新体系建设和发
展规划（2009—2020 年）》评析 [J]. 创新科技，2010 (1)：14-15.

[8] 赵献林，雷振生，吴政卿. 河南小麦托起中国粮食安全的希望 [J]. 种业导刊，
2008 (10)：7-8.

[9] 刘太廷，高迎军，柳建林. 小麦高产途径和栽培措施 [J]. 中国种业，2007 (7)：
63-64.

[10] 王春平，张万松，陈翠云，等. 中国种子生产程序的革新及种子质量标准新体系的
构建 [J]. 中国农业科学，2005，38 (1)：163-170.

[11] 付雪丽，景琦，陈旭，等. 我国小麦种子供需现状与产业发展趋势 [J]. 中国种
业，2023 (2)：20-23.

[12] 郑天存，殷贵鸿，李新平，等. 超高产、多抗小麦新品种国审周麦 16 号的选育及主
要特性分析 [J]. 河南农业科学，2004，33 (8)：15-17.

[13] 赵虹，王西成，范和君. 多抗、广适、优质、高产、稳产小麦新品系——百农 64
[J]. 河南农业科学，1997 (9)：41.

[14] 欧行奇，王玉玲. 黄淮南片麦区小麦耐倒春寒育种研究初探 [J]. 麦类作物学报，
2019，39 (5)：560-566.

[15] 欧行奇，王永霞，李新华，等. 百农 207 不同生育期的光合、干物质动态与产量性

状研究 [J]．东北农业科学，2020，45（4）：13－15，62.

[16] 曹廷杰，胡卫国，赵虹，等．国审小麦品种百农 207 适应性分析 [J]．分子植物育
种，2021，19（20）：6876－6883.

[17] 欧行奇，李璐，李新华，等．强筋小麦品种耐倒春寒性状分析 [J]．种子，2020，39
（7）：137－141.

[18] 陈巧艳，李迎迎，陈刘平，等．低温胁迫对不同小麦品种结实率和活性氧代谢的影
响 [J]．江苏农业科学，2018，46（11）：63－65.

[19] 谢凤仙，王智煜，张自阳．春季低温胁迫对不同小麦品种结实率及叶片生理特性的
影响 [J]．安徽农业科学，2018，46（32）：33－35，39.

[20] 欧行奇，李新华，欧阳娟，等．不同小麦品种柱头活力及花粉活性模拟研究 [J]．
中国农学通报，2019，35（8）：1－4.

[21] 任秀娟，乔红，张帅垒，等．5 个小麦品种柱头发育形态和杂交结实率模拟研究
[J]．河南科技学院学报（自然科学版），2019，47（1）：11－15.

[22] 薛辉，余慷，马晓玲，等．黄淮麦区小麦品种耐倒春寒相关性状的评价及关联分析
[J]．麦类作物学报，2018，38（10）：1174－1188.

[23] 程乐庆．豫东主推小麦品种抗干热风品种展示与评价试验研究 [J]．中国新技术新
产品，2016（18）：172.

[24] 张宗敏，陈巧艳，李新华，等．豫北地区不同小麦品种穗发芽初步研究 [J]．农业
科技通讯，2016（11）：60－63.

[25] 朱玉磊．小麦 2A 染色体抗穗发芽主效 QTL 鉴定与候选基因挖掘 [D]．合肥：安
徽农业大学，2017.

[26] 王冰冰．宜阳县旱地小麦品种展示试验总结 [J]．种子科技，2016，34（6）：111－112.

[27] 王稼苜，张志勇，欧行奇，等．PEG 胁迫对 8 个不同小麦品种幼苗根系的影响 [J]．
河南科技学院学报（自然科学版），2015，43（3）：1－5.

[28] 张自阳，王智煜，刘明久，等．干旱胁迫对不同年代小麦品种种子萌发特征的影响
[J]．河南农业科学，2018，47（3）：23－28，33.

[29] 欧行奇，李新华，欧阳娟．黄淮地区主推小麦品种种子发芽期耐淹性研究 [J]．耕
作与栽培，2022，42（1）：13－17.

[30] 李新华，陈巧艳，欧行奇，等．NaCl 胁迫对不同小麦品种萌发与幼苗生长的影响
[J]．湖北农业科学，2017，56（17）：3222－3224.

[31] 曹丹，白耀博，强承魁，等．不同品种小麦种子萌发对镉胁迫的耐性响应 [J]．黑
龙江农业科学，2017（7）：8－11.

[32] 许桂芳，简在友．河南新乡外来植物分布动态调查及其危害性评估 [J]．植物保
护，2011，37（2）：127－132.

［33］代磊，欧行奇，李新华，等．黄顶菊浸提液对 5 种作物种子萌发和幼苗生长的化感效应［J］．种子，2018，37（8）：47－51.

［34］张彬，李金秀，王震，等．黄淮南片麦区主栽小麦品种对赤霉病抗性分析［J］．植物保护，2018，44（2）：190－194，198.

［35］袁平，王鑫，郭宜新，等．邳州市小麦品种应用安全性测试试验总结［J］．农业科技通讯，2017（12）：108－111.

［36］陆宁海，吴利民，郎剑锋，等．河南省小麦新品种对茎基腐病的抗性鉴定与评价［J］．江苏农业科学，2016，44（4）：190－192.

［37］周继泽，欧行奇，王永霞，等．河南省五大主导小麦品种适宜播量研究［J］．农学学报，2019，9（2）：1－6.

［38］杨志辉．南阳盆中平原区超高产小麦品种筛选试验［J］．种子世界，2016（10）：34－36.

［39］刘武涛，卢萌．洛阳市小麦新品种连续比较试验［J］．种子世界，2017（6）：20－25.

［40］吕厚军．小麦新品种百农 207 种植表现及高产栽培技术［J］．中国农技推广，2016，32（7）：27－28.

［41］陈玉花，石荣堂，邹丽．邳州市 2013 至 2014 年小麦品种示范［J］．大麦与谷类科学，2015（1）：21－23.

［42］李文红，丁永辉，曹丹，等．不同播种方式对小麦干物质积累和产量的影响［J］．河南农业科学，2016，45（2）：11－16.

［43］王林．2017—2018 年度蒙城县冬小麦品种节肥试验［J］．现代农业科技，2018（16）：35－36.

［44］强承魁，秦越华，曹丹，等．小麦富集重金属的品种差异及其潜在健康风险评价［J］．麦类作物学报，2017，37（11）：1489－1496.

［45］谢科军，朱保磊，孙家柱，等．黄淮南片小麦高分子量谷蛋白亚基组成及其与品质的关系［J］．麦类作物学报，2016，36（5）：595－602.

［46］马红勃，刘东涛，冯国华，等．部分小麦品种（系）品质相关基因的分子检测［J］．麦类作物学报，2015，35（6）：768－776.

［47］欧行奇，胡海燕，李新华，等．剪叶对不同源库类型小麦品种粒重的影响［J］．麦类作物学报，2008，28（3）：513－517.

［48］欧行奇，任秀娟，李新华，等．小麦品种边行优势和内行表现对小区产量的影响［J］．作物杂志，2019（1）：97－102.

［49］Liu H J，Zhu Q，Pei X，et al. Comparative analysis of the photosynthetic physiology and transcriptome of a high-yielding wheat variety and its parents［J］. The Crop Journal，2020，8（6）：1037－1048.

［50］杨文平，胡喜巧，王小龙，等．行距配置对冬小麦茎秆形态生理及产量的影响［J］．西北农林科技大学学报（自然科学版），2016，44（8）：104－110．

［51］刘友华，白亚斌，邱祝福，等．基于高光谱图像技术和波长选择方法的羊肉掺假检测方法研究［J］．海南师范大学学报（自然科学版），2015，28（3）：265－269．

［52］白亚斌，刘友华，丁崇毅，等．基于高光谱技术的牛肉——猪肉掺假检测［J］．海南师范大学学报（自然科学版），2015，28（3）：270－273．

［53］张晓青，牛鹤颖，何云啸，等．基于红外光谱技术快速检测椰子油氧化指标的研究［J］．海南师范大学学报（自然科学版），2016，29（3）：293－296，332．

［54］富彩霞，石玉芳，孙金鱼，等．2－氨基－1－环戊烯－1－二硫代羧酸缩芳醛希夫碱的红外光谱研究［J］．海南师范大学学报（自然科学版），2015，28（2）：183－185．

［55］Barbin D F，Kaminishikawahara C M，Soares A L，et al．Prediction of chicken quality attributes by near infrared spectroscopy［J］．Food Chemistry，2015，168：554－560．

［56］韦紫玉，斯中发，王月．基于近红外漫反射光谱技术的小麦蛋白质含量检测［J］．轻工科技，2018，34（5）：41－42，57．

［57］孙晓荣，周子健，刘翠玲，等．基于 GA－PLS 算法的小麦粉灰分含量快速检测［J］．传感器与微系统，2018，37（5）：135－137，143．

［58］罗曦，吴方喜，谢鸿光，等．近红外光谱的水稻抗性淀粉含量测定研究［J］．光谱学与光谱分析，2016，36（3）：697－701．

［59］鞠兴荣，后其军，袁建，等．基于近红外光谱技术测定稻谷含水量研究［J］．中国粮油学报，2015，30（11）：120－124．

［60］Rinnan A，Berg F V D，Engelsen S B．Review of the most common pre-processing techniques for near-infrared spectra［J］．TrAC Trends in Analytical Chemistry，2009，28（10）：1201－1222．

［61］芦永军，曲艳玲，冯志庆，等．多元散射校正技术用于近红外定标波长组合的优选研究［J］．光谱学与光谱分析，2007，27（1）：58－61．

［62］Dhanoa M S，Lister S J，Sanderson R，et al．The link between multiplicative scatter correction（MSC）and standard normal variate（SNV）transformations of NIR spectra［J］．Journal of Near Infrared Spectroscopy，1995，2（1）：43－47．

［63］宋高阳．偏最小二乘回归的研究［D］．杭州：浙江大学，2009．

［64］Xiong Z，Sun D W，Dai Q，et al．Application of visible hyperspectral imaging for prediction of springiness of fresh chicken meat［J］．Food Analytical Methods，2015，8（2）：380－391．

［65］Kandpal L M，Lee H，Kim M S，et al．Hyperspectral reflectance imaging technique for visualization of moisture distribution in cooked chicken breast ［J］. Sensors，2013，13 (10)：13289 - 13300.

［66］ He H J，Wu D，Sun D W. Non-destructive and rapid analysis of moisture distribution in farmed Atlantic salmon (Salmo salar) fillets using visible and near-infrared hyperspectral imaging ［J］. Innovative Food Science & Emerging Technologies，2013，18 (2)：237 - 245.

［67］ 宦克为. 小麦内在品质近红外光谱无损检测技术研究 ［D］. 长春：长春理工大学，2014.

［68］ He H J，Wu D，Sun D W. Non-destructive and rapid analysis of moisture distribution in farmed Atlantic salmon (Salmo salar) fillets using visible and near-infrared hyperspectral imaging ［J］. Innovative Food Science & Emerging Technologies，2013，18 (2)：237 - 245.

［69］ Su W H，He H J，Sun D W. Non-destructive and rapid evaluation of staple foods quality by using spectroscopic techniques：A review ［J］. Critical Reviews in Food Science & Nutrition，2015，57 (5)：1039 - 1051.

［70］ Cheng W，Sun D W，Cheng J H. Pork biogenic amine index (BAI) determination based on chemometric analysis of hyperspectral imaging data ［J］. LWT-Food Science and Technology，2016，73：13 - 19.

［71］ Dai Q，Sun D W，Xiong Z，et al. Recent advances in data mining techniques and their applications in hyperspectral image processing for the food industry ［J］. Comprehensive Reviews in Food Science and Food Safety，2014，13 (5)：891 - 905.

作者简介

何鸿举

男，汉族，中共党员，新加坡南洋理工大学访问学者（CSC公派），爱尔兰国立都柏林大学博士（CSC公派），博士后，副教授，硕士生导师。国家科技专家库入库专家（科学技术部），国家重点研发专项评审专家，河南省高层次C类人才，河南省高层次人才国际化培养计划入选者，河南省青年人才托举工程入选者，教育部/河南省学位论文评审专家，河南省高新技术企业评审专家，河南省科学技术协会咨询专家，河南省预制菜产业链智库专家，河南省药食同源功能食品产业技术创新战略联盟副秘书长，河南省农产品加工与贮藏工程学会理事。现任河南科技学院成果转化与合作办公室副主任（副处级）。

主要从事农产品（小麦、甘薯、肉品等）品质快速分析、麦薯原料高值化利用及特色食品开发等研究。主持及参与国家级、省部级科研项目11项（核心参与河南省重大科技专项4项），先后在学术期刊上发表论文100余篇，其中以第一/通讯作者在 *Journal of Agricultural and Food Chemistry*、*International Journal of Bi-*

ological Macromolecules、*Food Control* 等高水平 SCI 期刊上发表论文 30 余篇。主持参与完成河南省级成果鉴定 5 项，主编中文学术专著 4 部，参编英文专著 2 部，主编《食品专业英语》等食品类专业教材 3 部，以第一发明人身份授权专利 9 项，主持登记软件著作权 18 项，获省部级科研一等奖 2 项（2019—2021 年度农业农村部全国农牧渔业丰收奖，2019 年度河南省科学技术进步奖）。培育国鉴甘薯新品种——百薯 2 号（第二培育人），获农业农村部植物新品种权证书。担任国际 SCI 期刊 *Journal of the Science of Food and Agriculture*（2023 年的影响因子为 4.1）副主编/编委、*Cereal Chemistry*（2023 年的影响因子为 2.3）副主编/编委、*Journal of Food Biochemistry*（2023 年的影响因子为 4.0）学术编辑/编委、*PLoS One*（2023 年的影响因子为 3.7）学术编辑/编委、*Cogent Food & Agriculture*（2023 年的影响因子为 2.0）学术编辑/编委、*Emirates Journal of Food and Agriculture*（2023 年的影响因子为 1.1）学术编辑/编委、*Acta Alimentaria*（2023 年的影响因子为 1.1）编委、《食品工业科技》第一届青年编委、《中国调味品》青年编委。长期担任食品科学与技术领域中 *Food Chemistry* 等 40 余部国际 SCI 期刊、《食品科学》等 14 部中文核心期刊的审稿专家。多次荣获《食品科学》《肉类研究》等核心期刊的突出贡献奖、优秀审稿专家等荣誉。

王玉玲

女，汉族，中共党员，博士，河南科技学院讲师。2012 年 9 月至 2013 年 9 月，获得国家留学基金管理委员会"国家建设高水平大学公派研究生项目"资助，留学爱尔兰国立都柏林大学，师从 Nick M. Holden 教授进行联合博士培养研究。2015 年 6 月毕业于西北农林科技大学作物栽培学与耕作学专业，获农学博士学位。

主要从事高效农作制度、作物高产栽培技术、小麦与甘薯育种研究。先后参与完成 6 项科研项目，在《农业工程学报》《中国农业科学》《植物营养与肥料学报》《西北农业学报》《干旱地区农业研究》等杂志上发表学术论文 20 余篇，其中以第一作者身份发表高水平 SCI 论文 2 篇、EI 论文 1 篇、一级学报论文 2 篇；核心参与培育小麦新品种百农 201、百农 321，甘薯新品种百薯 2 号等；授权专利 5 项，其中转化发明专利 1 项；获河南省科学技术进步奖一等奖 1 项。

李新华

女，汉族，中共党员。2005 年毕业于河南科技学院农学专业，毕业后一直在小麦遗传改良研究中心跟随欧行奇教授从事小麦育种工作。作为第二培育人参与选育的百农 207，是国家"十三五"代表性重大小麦品种，

2020 年获河南省科学技术进步奖一等奖，2022 年获全国农牧渔业丰收奖一等奖。近些年，又参与选育了百农 307、百农 607 等突破性矮秆多抗高产新品种。参与河南省重大科技专项 3 项；参与河南省农业良种联合攻关项目 1 项；以第一作者身份发表论文 2 篇，参与发表论文 18 篇。

欧行奇

男，汉族，中共党员，二级教授，硕士生导师。河南省主要农作物品种审定委员会委员，作物逆境适应与改良国家重点实验室特聘专家，国务院政府特殊津贴获得者，河南省杰出专业技术人才，河南省中原学者。现任河南科技学院小麦遗传改良研究中心主任。

1986 年毕业留校后，一直从事作物育种学和种子学的教学工作，长期从事小麦育种、小麦种子生产和甘薯育种三方面的研究工作，并取得了一系列科研成果。参与培育推广了百农 62、百农 64、百农 AK58、百农 160 等多个百农系列小麦品种，其中百农 AK58 于 2013 年荣获国家科学技术进步奖一等奖。主持培育的小麦新品种有百农 207、百农 201、百旱 207 等，其中"小麦新品种百农 207 产业化研究与开发"课题获得了河南省重大科技专项支持。主持培育了甘薯新品种百薯 1 号、百郑薯 2 号、百郑薯 3 号等。主持培育的百农 207 获 2019 年度河南省科学技术进步奖一等奖和 2019—2021 年度农业农村部全国农牧渔业丰收奖一等奖。出版学术专著《小麦种子生产理论与技术》，"小麦大田用种原种化理论与技术的应用研究"获河南省科学技术进步奖二等奖，主持制定了河南省地方标准《小麦三级种子生产技术规程》（DB41T 642—2010）。主持省、市重大专项等项目 8 项，发表研究论文 70 余篇，出版教材及专著 5 部。

2017 年荣获新乡市五一劳动奖章；2021 年，欧行奇劳模创新工作室获批省级"示范性劳模和工匠人才创新工作室"；2022 年被评为"出彩河南人"2022 最美教师；2023 年荣获新乡"最美科技工作者"；2024 年获 2023 年度庄巧生小麦研究贡献奖，同时被评为"第九批河南省岗位学雷锋标兵"；2025 年荣获"全国先进工作者"。

图书在版编目（CIP）数据

小麦品种百农 207 选育应用及理论技术研究 / 何鸿举
等著. -- 北京 : 中国农业出版社，2025. 5. -- ISBN
978-7-109-33113-6

Ⅰ. S512.103

中国国家版本馆 CIP 数据核字第 20257RW904 号

中国农业出版社出版

地址：北京市朝阳区麦子店街 18 号楼
邮编：100125
责任编辑：刁乾超　　文字编辑：赵冬博
版式设计：李　文　　责任校对：吴丽婷
印刷：中农印务有限公司
版次：2025 年 5 月第 1 版
印次：2025 年 5 月北京第 1 次印刷
发行：新华书店北京发行所
开本：787mm×1092mm　1/16
印张：9
字数：200 千字
定价：68.00 元
